"十三五"国家重点图书出版规划项目
改革发展项目库2017年入库项目

"金土地"新农村书系·**现代农业产业编**

铁皮石斛

优质生产实用技术彩色图说

邱道寿　编著

SPM 南方出版传媒
广东科技出版社 | 全国优秀出版社
·广 州·

图书在版编目（CIP）数据

铁皮石斛优质生产实用技术彩色图说 / 邱道寿编著. —广州：广东科技出版社，2018.9

（"金土地"新农村书系·现代农业产业编）

ISBN 978-7-5359-6945-3

Ⅰ. ①铁… Ⅱ. ①邱… Ⅲ. ①石斛－栽培技术－图解 Ⅳ. ① S567.23-64

中国版本图书馆 CIP 数据核字（2018）第 082236 号

铁皮石斛优质生产实用技术彩色图说

Tiepi Shihu Youzhi Shengchan Shiyong Jishu Caise Tushuo

责任编辑：罗孝政
封面设计：柳国雄
责任校对：蒋鸣亚
责任印制：彭海波
出版发行：广东科技出版社
　　　　　（广州市环市东路水荫路 11 号　邮政编码：510075）
http://www.gdstp.com.cn
E-mail: gdkjyxb@gdstp.com.cn（营销）
E-mail: gdkjzbb@gdstp.com.cn（编务室）
经　　销：广东新华发行集团股份有限公司
印　　刷：珠海市鹏腾宇印务有限公司
　　　　　（珠海市拱北桂花北路 205 号桂花工业村 1 栋首层　邮编：519020）
规　　格：889mm×1 194mm　1/32　印张 4.875　字数 120 千
版　　次：2018 年 9 月第 1 版
　　　　　2018 年 9 月第 1 次印刷
定　　价：36.00 元

如发现因印装质量问题影响阅读，请与承印厂联系调换。

《"金土地"新农村书系·现代农业产业编》

编 委 会

主　　编：刘建峰
副 主 编：李康活　林悦欣
编　　委：张长远　冯　夏　潘学文　李敦松
　　　　　邱道寿　彭智平　黄继川

序　言
Xuyan

为贯彻落实党的十九大精神，实施乡村振兴战略，落实党中央国务院和广东省委、省政府的"三农"决策部署，进一步推进广东省新时代农业农村建设，切实加强农技推广工作，全面推进农业科技进村入户，提升农民科学种养水平，充分发挥农业科技对农业稳定增产、农民持续增收和农业发展方式转变的支撑作用，我们把广东省农业科学院相关农业专家开展技术指导、技术推广的成果和经验集成编撰纳入国家"十三五"重点图书出版规划项目、改革发展项目库 2017 年入库项目——《"金土地"新农村书系》的子项目"现代农业产业编"。

该编内容包括蔬菜、龙眼、荔枝、铁皮石斛实用生产技术及设施栽培技术、害虫生物防治、主要病虫害治理等方面。该编丛书内容通俗易懂，语言简明扼要，图文并茂，理论联系实际，具有较强的可操作性和适用性，可作为相关技术培训的参考教材，也可供广大农业科研人员、农业院校师生、农村基层干部、农业技术推广人员、种植大户和农户在从事相关农业生产活动时参考。

由于时间仓促，难免有错漏之处，敬请广大读者提出宝贵意见。

广东省农业科学院
二〇一八年一月

目 录
Mulu

第三章
铁皮石斛生产概况

第四章
铁皮石斛优良品种

第五章
铁皮石斛优质种苗扩繁技术

第六章
铁皮石斛仿野生栽培

第七章
铁皮石斛主要病虫害及其防治

第八章
铁皮石斛的采收加工及其综合开发与利用

第一章

铁皮石斛基本介绍

第一节

药用石斛

一、我国野生石斛的种类及分布

石斛属（*Dendrobium*）植物是仅次于石豆兰属（*Bulbophyllum*）的兰科第二大属多年生植物，全世界原生种数量为 1 000~1 400 种，主要分布在亚洲热带和亚热带地区至大洋洲。据《中国植物志》记载，我国共有 74 种、2 变种，加上近年发现的新种，目前为止已记载 81 种、2 变种，其中 18 种为我国特有种。

石斛属在我国主要分布在秦岭淮河以南，即主要分布在北纬 30°以南地区，北纬 30°~35° 也有少量分布，由南向北种类逐渐减少。云南、广西、广东、海南、贵州、台湾等省区为石斛属植物的分布中心，以云南南部最多，种数云南居首位，约 40 种，第二为贵州和广东，各28 种，第三是广西，约 24 种，台湾省约 15 种。由此可见，石斛不是纯热带植物，而是以热带东南亚为中心向亚热带气候条件发展的类群。

二、野生药用石斛资源现状

石斛属里的许多种类具有极高的药用价值，其新鲜或干燥茎被用作药用，统称石斛。石斛是我国古代文献中最早记载的兰科植物之一，1 500 年以前的《神农本草经》中就有记载。其味甘性平，主伤中、除痹、下气，补五脏虚劳、羸瘦，强阴，久服厚肠胃、轻身延年。一千多年以来，它一直和灵芝、人参、冬虫夏草等被列为上品中药。目前，我国药材市场上流通的商品石斛原植物来源有 50 多种，其中多数为兰科石斛属植物，少数来自兰科金石斛属、石仙桃属、石豆兰属、贝母兰属及蜂腰兰属，商品石斛品种比较混乱复杂。常见种类如铁皮石斛（*Dendrobium offcinale*）、金钗石斛（*D. nobile*）、霍山石斛（*D. huoshanense*）等，其主要化学成分有多糖、生物碱、菲类、联苄类、芴酮、香豆素、倍半萜及挥发油等，具有增强机体免疫能力、抗衰老、抗肿瘤和抗血小板凝集等功效。

野生药用石斛生长环境特殊，多附生于高大乔木或岩石上，常规调查很难测量其分布面积和蕴藏量。据各地药农反映，约 20 年前野生药用石斛分布广、种类多，随着社会需求量的不断增加，长期过度采集，目前难以找到野生药用石斛，很多种类可能濒临灭绝。

三、我国药用石斛人工栽培品种及其栽培区域

我国人工栽培的药用石斛有 30 余种，主要品种有铁皮石斛、金钗石斛、流苏石斛（*D. fimbriatum*）、美花石斛（*D. loddigesii*）、束花石斛（*D. chrysanthum*）、鼓槌石斛（*D. chrysotoxum*）和霍山石斛等。云南省以铁皮石斛、金钗石斛、流苏石斛和鼓槌石斛为主，栽培基地主要分布在云南东南部、南部和西南部。贵州省主产美花石斛和金钗石

斛，基地主要分布于黔西南、黔东南和黔西北。近年来，广西、广东地区的药用石斛发展比较快，其主要产区在桂南、桂东、粤西南、粤西北和粤北地区，铁皮石斛、金钗石斛、流苏石斛和美花石斛是本地区的主要栽培品种。霍山石斛主产于安徽省霍山县。除浙江省和安徽省外，其他省区的主流栽培品种几乎相同，很难成为适合当地发展的优势品种。

我国多数药用石斛栽培基地存在品种混乱、品质差异大，以及混种、混收等现象。在铁皮石斛栽培基地里，常常能发现不少齿瓣石斛（*D. devonianum* Paxt）、细茎石斛 [*D. moniliforme*（L.）Sw] 等其他药用石斛的植株。另外，尽管浙江的铁皮石斛种植产业发展比较早，但当地种植的铁皮石斛，其种源多来自于云南、广西和贵州等省区。而其他随后发展起来的省区，其种源又多来自云南和浙江。

四、我国药用石斛人工种植面积和产量

据统计，我国药用石斛产销量增加非常迅速，20 世纪 60 年代，全国石斛类药材的产销量约 1.5 万千克，80 年代迅速增加到 60 万千克，上升幅度近 40 倍，此期间的商品药用石斛主要来自于野生资源。目前，我国药用石斛人工种植总面积约 500 公顷，总产量约 60 万千克 / 年，与 80 年代的产销量比较接近。但各省区药用石斛种植面积和产量差异较大，云南省药用石斛种植面积和产量均居首位，大约每年可产 46 万千克；浙江省次之，年产量大约 10 万千克；安徽省主产霍山石斛，产量较低，年产量仅约 500 千克。广东省虽然人工种植药用石斛品种较多，但种植面积小，种植区分布零散，产量不高，年产量仅 4 000 千克。据报道，我国药用石斛原材料年需求量大约为 80 万千克，需求量缺口仍然较大。

第二节

铁皮石斛简介

铁皮石斛为兰科多年生附生草本植物，具有多种药用成分，是我国传统药用石斛的重要品种之一。生于山地半阴湿的岩石上，喜温暖湿润气候，适宜在凉爽、湿润、空气畅通的半阴半阳的环境，一般能耐 -5℃的低温。我国主要分布在安徽西南部（大别山）、浙江东部（宁波、天台、仙居）、福建西部（宁化）、广西西北部（天峨）、四川、云南东南部（石屏、文山、麻栗坡、西畴）。另外，据《神农本草经集注》记载，"今用石斛出始兴"，《本草纲目》记载，"耒阳龙石山多石斛"，说明粤北、湘南等山区也是铁皮石斛的野生分布区。

野生铁皮石斛对生长环境要求十分严苛，加之长期无节制地采挖，野生资源遭到严重破坏，已成为濒危珍稀药材，1987 年国务院发布的《野生药材资源保护管理条例》将铁皮石斛列为三级保护品种，1992 年在《中国植物红皮书》中被收载为濒危植物。20 世纪 80 年代以来，我国科研人员开始摸索铁皮石斛的人工种植技术，包括种苗的组培扩繁、仿野生栽培等关键技术，经过近 30 年的发展，取得了长足进步。

随着人工种植技术渐趋成熟以及市场需求不断扩大，近年来铁皮石斛人工种植得到大力发展，面积不断扩大，在我国浙江、云南、广东、湖南、广西、贵州、安徽和四川等省区先后建立了一批规模较大的种植基地。其中，浙江和云南是我国铁皮石斛产业的两大基地，两者产量和约占全国总产量的 75%。据全国铁皮石斛产业发展论坛初步统计，全国铁皮石斛现有种植面积约 3 000 公顷，年产鲜条约 1.2 万吨，

从业人员 40 万人，产值 50 亿元，其中浙江、云南占总产值的 75% 以上。种植地区也从传统的浙江、云南扩展到湖南、广西、广东、福建、

安徽、贵州、江苏、北京、上海等多个省区。

一直以来，铁皮石斛作为药用石斛的重要品种，被合列在 2005 年版之前的《中华人民共和国药典》（以下简称《药典》）"石斛"条目之下，作为其中一种主要基源植物。2010 年版以后的《药典》将铁皮石斛作为新增品种从石斛中单列出来，详细介绍了铁皮石斛的识别、鉴定方法、检测标准和功效等，说明铁皮石斛在药效方面得到了国家认可。

一、功效与质量标准

据 2015 年版《药典》记载，铁皮石斛为兰科植物铁皮石斛（*Dendrobium officinale*）的干燥茎。11 月至翌年 3 月采收，除去杂质，剪去部分须根，边加热边扭成螺旋形或弹簧状，烘干，或切成段，干燥或低温烘干，前者习称"铁皮枫斗"（耳环石斛），后者习称"铁皮石斛"。其性甘，微寒，归胃、肾经，具有益胃生津、滋阴清热的功效，用于热病伤津、口干烦渴、胃阴不足、食少干呕、病后虚热不退、阴虚火旺、骨蒸劳热、目暗不明、筋骨痿软等。规定其质量标准应达到：按干燥品计，铁皮石斛多糖不得少于 25.0%，甘露糖应为 13.0%~38.0%，甘露糖与葡萄糖的峰面积比应为 2.4~8.0，水分不得超过 12.0%，总灰分不得超过 6.0%，醇溶性浸出物不得少于 6.5%。

铁皮石斛的功效成分含量会随着不同种质、不同植株部位、不同种植环境和条件、不同种植年限、不同采收季节等条件的差异而出现较大的变化。据我们最近的研究，从全国各地收集 120 余份铁皮石斛种质资源，根据形态分类学特征将其分为 11 大类后，对其进行了多糖含量检测，发现各类别之间差异显著，多糖含量最高的达到 35.25%，最低的只有 14.68%，均值为 25.95%；有 6 大类高于药典标准（25%），另 5 大类则低于药典标准。茎作为铁皮石斛的药用部位，多糖含量最高，一般为 25%~40%；叶的多糖含量约为相应茎的 1/3，即为 8%~14%；花为 7%~8%；根为 6%~7%。铁皮石斛的生物碱含量则呈现茎上段＞叶 ≈ 根＞茎中段 ≈ 茎下段的分布变化规律。

从栽培方式来说，人工栽培的铁皮石斛与野生铁皮石斛质量比较相近，一般野生铁皮石斛的多糖含量比栽培型高。通过比较研究不同种植年限铁皮石斛的多糖及甘露糖含量，结果表明：2~4 年生铁皮石斛随种植年限增加多糖和甘露糖含量减少，表现出 2 年生 > 3 年生 > 4 年生的变化规律，2 年生的多糖含量可达 34.47%。铁皮石斛中总生物碱含量较低，介于 0.019%~0.043%，浙江产 1 年生、2 年生、3 年生铁皮石斛的平均总生物碱含量为 0.0253%、0.0270%、0.0326%，云南产 1 年生铁皮石斛平均总生物碱含量为 0.0343%。黄酮类成分随种植年限有一定的变化，2 年生铁皮石斛黄酮类化合物相对极性较小且较集中，3 年生极性分布较广且含量相对较大，4 年生极性大但含量相对较低。酚类成分随着种植年限增加在铁皮石斛体内累积增加明显。因此，综合上述各有效成分考虑，铁皮石斛宜以 2 年生采收为最佳。而在不同的生长季节，对总水溶性糖及总水溶性多糖的变化规律研究结果表明，12 月至翌年 3 月总水溶性糖及总水溶性多糖含量较高，开花期（4—5 月）明显下降，随后又开始回升。因此，一年中以 12 月至翌年 3 月为最佳采收季节。不同的加工方法也会对铁皮石斛糖含量有一定的影响，风干的样品还原糖含量最低，总水溶性糖含量最高，灰炉烘干的样品总水溶性糖及总水溶性多糖含量最低，杀青后烘干处理可以有效地减少多糖在处理过程中的损失；铁皮石斛不同部位的总水溶性糖及总水溶性多糖比较，中部含量最高，上部和下部含量较低。因此，风干茎的中部为最佳药用部位。

二、化学成分

目前从铁皮石斛茎中分离鉴定了 74 种化合物，包括 26 种芪类及其衍生物、17 种酚类化合物、7 种木脂素类化合物，以及酚苷类、核苷类、黄酮、内酯等结构类型的化合物。

（一）多糖

多糖是已知的铁皮石斛的主要药效成分，铁皮石斛生理活性的强弱与其多糖含量密切相关。多糖含量越高，嚼之越有黏性，质量越好。但多糖类成分的化学结构复杂，分离纯化和结构鉴定研究难度大，分析复杂。一级结构主要反映糖链的糖基组成、各种组成单糖的分子数比例、单糖残基的构型、残基之间的连接次序等内容，单糖残基的排列顺序对多糖的活性有影响；二级结构反映多糖骨架链的构象；三级结构反映单糖残基中各官能团之间非共价作用形成的有序、规则而粗大的空间构象；四级结构指多聚链间非共价键结合形成的聚集体。多糖的高级结构与其生物学功能密切相关。现今开展的多糖研究主要包括多糖含量测定、均一多糖的分离纯化、相对分子质量的测定、单糖组成分析、多糖结构鉴定等内容，以含量测定和一级结构研究为主，为此，2010 年以后出版的《药典》制定了专属性更强的铁皮石斛鉴别和含量测定方法。同时，随着定性、定量分析技术的不断进步和广泛应用，铁皮石斛多糖的活性成分及结构功能将能够得到更明确的界定。

铁皮石斛多糖最佳提取工艺可测得多糖含量高达 78.21%，水溶性多糖含量可达 22.7%。目前，研究表明，铁皮石斛多糖主要由葡萄糖、半乳糖、甘露糖、木糖、阿拉伯糖、鼠李糖等多种单糖组成，其中甘露糖和葡萄糖是石斛属植物多糖中共有的单糖组分，也是相对含量最高的两个组分。在铁皮石斛的不同部位，总多糖的含量由高到低依次为茎中、茎上、茎下、根部，但水溶性多糖分布规律是叶≥根>茎。铁皮石斛茎、叶多糖含量，以及单糖种类有显著差异。研究表明，铁皮石斛多糖含量还与其生长阶段有关。开花会消耗铁皮石斛总多糖，而有利于某些单糖生成。此外，不同干燥工艺对石斛多糖含量也有较大影响，热风干燥多糖含量最高，自然晾干最低。

（二）芪类化合物

从石斛中分离出来的芪类化合物主要包括联苄、二氢杂菲等，其药理活性主要为抗肿瘤。目前，从铁皮石斛中分离鉴定的芪类化合物有：双苄酚类及菲酚类化合物毛兰素（erianin）和鼓槌菲（chysotoxene）；菲醌母核金钗石斛菲醌（denbinobin）；菲类化合物 2, 3, 4, 7- 四甲氧基菲，1, 5- 二羟基 -1, 2, 3, 4- 四甲氧基菲，2, 5- 二羟基 -3, 4- 二甲氧基菲，2, 7- 二羟基 -3, 4, 8- 三甲氧基菲，2, 5- 二羟基 -3, 4- 二甲氧基菲，3, 5- 二羟基 -2, 4- 二甲氧基菲，2, 4, 7- 三羟基 -9, 10- 二氢菲等；联苄类化合物 dendrocandin A，dendrocandin B，dendrocandin C，dendrocandin D，dendrocandin E，4, 4'-dihydroxy-3, 5- dimethoxybibenzyl，3, 4-dihydroxy-5, 4'-dimethoxybibenzyl，3-O-methylgigantol，dendrophenol，石斛酚（gigantol），4', 5- 二羟基 -3, 3'- 二甲氧基联苄，铁皮石斛素 A、C、D、E、F、G、J、K、H、L、B、M、N、O、I、P、Q、R，4, 4'- 二羟基 -3, 5- 二甲氧基联苄，3, 4- 二羟基 -5, 4'- 二甲氧基联苄，3'- 羟基 -3, 4, 5'- 三甲氧基联苄，4, 4'- 二羟基 -3, 3', 5- 三甲氧基联苄，3, 4'- 二羟基 -5- 甲氧基联苄，3', 4- 二羟基 -3, 5'- 二甲氧基联苄，二氢白黎芦醇和 dendromoniliside E 等。

（三）氨基酸

氨基酸是人类重要营养成分，某些氨基酸亦具有生物活性和疗效。铁皮石斛性味甘淡、微咸，与其氨基酸组成特性有关。经检测，野生铁皮石斛含有 16 种氨基酸，人工培养的除这 16 种外还检测出苯丙氨酸，共有 17 种氨基酸，分别是天门冬氨酸、谷氨酸、甘氨酸、缬氨酸、亮氨酸、苏氨酸、丝氨酸、丙氨酸、胱氨酸、蛋氨酸、异亮氨酸、赖氨酸、组氨酸、精氨酸、脯氨酸、酪氨酸、苯丙氨酸，其中前 5 种占总氨基酸含量的 53%，以天冬氨酸含量最高，占 26.37%。人体必需的 8 种氨基酸中，铁皮石斛含有赖氨酸、苯丙氨酸、甲硫氨酸、苏氨酸、异亮氨酸、亮氨酸、缬氨酸，仅缺色氨酸。同时，含有全部人体半必需氨基酸，即胱氨酸、酪氨酸、精氨酸、丝氨酸、甘氨酸。

研究发现，不同来源的铁皮石斛中，总氨基酸含量为野生铁皮石斛＞组培铁皮石斛＞人工栽培铁皮石斛＞铁皮石斛胶囊；野生铁皮石斛的必需氨基酸含量高于悬浮培养的原球茎，分别占总量的 37.9% 和 26.2%；野生铁皮石斛中以谷氨酸、天冬氨酸、缬氨酸和亮氨酸为主要氨基酸，占总氨基酸含量的 43.8%，而原球茎中以谷氨酸、天冬氨酸和精氨酸为主要氨基酸，占总氨基酸含量的 52.0%。铁皮石斛花中以精氨酸为主，占总氨基酸含量的 49.54%，其次为脯氨酸、酪氨酸、谷氨酸、天冬氨酸、丝氨酸、甘氨酸和丙氨酸。

经研究测定，1~3 年生的铁皮石斛，其中 7 种人体必需氨基酸的含量为 0.28~2.96 毫克/克，9 种基本氨基酸的含量为 0.53~4.20 毫克/克，随生长年限增加而增加。

（四）挥发性成分

铁皮石斛挥发性成分化合物种类多，结构较为复杂，在各个部位都存在。铁皮石斛全草（包括根、茎、叶）分析，鉴定出总挥发油中的 14 种化合物，主要有烷烃类、醛类、酮类、烯烃类、醇和酯类等化合物。铁皮石斛不同部位挥发油成分含量和种类也不同，在鉴定出的 54 种挥发油成分中，茎中种类最多，45 种；其次是根，16 种；叶最少，10 种，主要为萜烯类和烯醇类化合物。铁皮石斛花中分离鉴定出 59 种化学成分，约占其总挥发性成分的 76.54%。

（五）矿质元素

经测定，铁皮石斛含有人体必需的多种矿质元素，如钾、钙、镁、锰、锌、铬和铜平均含量分别为 1 205.23 毫克/千克、766.82 毫克/千克、158.25 毫克/千克、31.06 毫克/千克、4.28 毫克/千克、8.28 毫

克 / 千克、0.97 毫克 / 千克，砷、汞、铅和镉四种重金属元素含量均在规定限度范围内。在人工铁皮石斛、原球茎组织培养物、铁皮枫斗与铁皮石斛胶囊中，10 种主要矿质元素铜、锌、铁、锰、钙、镁、钾、铬、锶、硼含量非常相近，以原球茎组织培养物的 9 种矿质元素（除铜外）含量最高。

（六）生物碱类

石斛碱型倍半萜类生物碱是石斛属植物特有的，其中的石斛碱是最早被发现、研究的一种化合物，被认为是中药石斛解热镇痛作用的有效成分。目前已从 13 种石斛属植物中分离获得 32 种生物碱，但铁皮石斛中生物碱的含量较低，只有金钗石斛的 1/20，人工栽培铁皮石斛中石斛碱含量在 0.019%~0.043%。不同基源、部位、年份的铁皮石斛生物碱的积累量不同，茎上段含量高于其他部位，1 年生的茎含量高于 2 年生，自然晒干的含量比杀青烘干的高。

（七）其他化合物

铁皮石斛中还含有酚类化合物、木脂素类化合物等其他物质。

从铁皮石斛中分离鉴定的酚类包括阿魏酸酰胺、二氢松柏醇、二氢对羟基桂皮酸酯、二氢阿魏酸酪胺、对羟基苯丙酰酪胺、丁香酸、丁香醛、香草酸、对羟基苯丙酸、对羟基桂皮酸、阿魏酸、对羟基苯甲酸、2- 甲氧基苯基 -1-DB-D- 芹糖 -（1-4）-B-D- 葡萄糖苷、koaburaside、松柏醇、香草醇、4- 烯丙基 -2，6- 二甲氧基苯基葡萄糖苷、2- 甲氧基苯基 -1-O-β-D- 芹糖 -（1 → 2）-β-D- 葡萄糖苷、3，4，5- 三甲氧基苯基 -1-O-β-D- 芹糖 -（1 → 2）-β-D- 葡萄糖苷和（1'R）-1'-（4- 羟基 -3，5- 二甲氧基苯基）-1- 丙醇 -4-O-β-D- 葡萄糖苷等酚酸类化合物。木脂素类有（+）- 丁香脂素 -O-β-D- 吡喃葡萄糖苷、icariol A 2-4-O-β-D-glucopy-ranoside、（+）-lyoniresinol-3a-O-β-Dglucopyranoside、裂异落叶松脂醇、丁香脂素 -4，4'-O- 双 -β-D- 葡萄糖苷和丁香脂素等木脂素类化合物。

苯丙素类有（E）- 对羟基苯丙酸、对羟基桂皮酸、反式桂皮酸酰对羟基苯乙胺、顺式阿魏酸酰对羟基苯乙胺、阿魏酸、dictamnoside A、反式阿魏酸二十八烷基酯、对羟基反式肉桂酸三十烷基酯、对羟基顺式肉桂酸三十烷基酯、4- 烯丙基 -2,6- 二甲氧基苯基葡萄糖苷和二氢松柏醇二氢对羟基桂皮酸酯等苯丙素类化合物。

倍半萜类化合物有钩状石斛素、洋地黄内酯；二氢黄酮类化合物有柚皮素（4',5,7- 三羟基二氢黄酮）和 3',5,5',7- 四羟基二氢黄酮；酰胺类化合物已发现 N-p 香豆酰酪胺、反 -N-（4- 羟基苯乙基）阿魏酸酰胺、二氢阿魏酰酪胺、对羟基苯丙酰酪胺和穆坪马兜铃酰胺，以及腺苷、尿苷、蔗糖、5- 羟甲基糠醛、胡萝卜苷、β- 谷甾醇、十六烷酸、十七烷酯、三十一烷醇和十七烷酸等成分。

人工种植两年生铁皮石斛茎中的总黄酮含量为 0.05%~0.08%。总黄酮主要集中于叶，又以半年生叶的含量最高，为 0.104%；3 年生植株明显高于 4~5 年生植株，因此，人工栽培的铁皮石斛以 3 年生内采收为宜，不宜栽种 4 年以上。

维生素 C、可溶性糖、可溶性蛋白在铁皮石斛中的分布规律为叶＞根＞茎，其中叶的维生素 C 含量高达 1.944 毫克 / 克（鲜重）。

铁皮石斛原球茎小分子化学成分研究不多，目前鉴定的化合物有 15 个，分别为 3- 羟基 -24- 亚甲基 - 环菠萝蜜烷、3,25- 二羟基 -24- 甲基 - 环菠萝蜜烷、3,25- 二羟基 - 环菠萝蜜烷、3,25- 二羟基 -23- 烯 - 环菠萝蜜烷、1-O-p 阿魏酰基 -β-D- 吡喃葡萄糖苷、arillatose B、4 -（β-D- 吡喃葡萄糖基）苄醇、4- 羟甲基 -2,6- 二甲氧基苯基 -β-D- 吡喃葡萄糖苷、三十六烷酸、二十七烷醇、N- 阿魏酰酪胺、反式对羟基桂皮酸、阿魏酸、β- 谷甾醇、豆甾醇。

尽管化学成分研究已经表明铁皮石斛茎中主要含有芪类、酚及酚苷类和木质素类成分，但仍不能确定其中主要的和（或）有效的小分子成分。明确小分子活性或特征性成分，制定相关质量控制标准，将是铁皮石斛化学成分和药理作用研究的一项重要内容。

三、药理作用

近年来，铁皮石斛的药理作用受到广泛关注，最新研究证明它主要具有如下几方面的药理作用。

（一）增强免疫

铁皮石斛多糖类成分是其增强免疫活性作用的重要物质基础。现代药理学研究表明，铁皮石斛多糖体外能促进白细胞增殖，增加 NK 细胞和巨噬细胞活性，体内能提高外周白细胞总数，增强淋巴细胞产生移动抑制因子的能力，促进 T 淋巴细胞分化速度，提高 T 细胞和 B 细胞增殖速度，提升自然杀伤细胞的活性，增强巨噬细胞的吞噬能力，加快碳粒的清除速度，大幅提高血清半数溶血素值，从而提高机体非特异性免疫、特异性细胞免疫以及体液免疫功能。另外，现代药理学研究还证明，不同分子量的多糖具有不同的免疫调节活性。

（二）抗氧化

随着科学的发展，衰老与体内自由基联系在一起，1956 年 Denham Harman 提出衰老的自由基学说，使人类认识到自由基氧化与衰老息息相关。

体外抗氧化研究表明，铁皮石斛多糖对超氧阴离子（O_2^-）、羟基自由基（-OH）的清除和对烷基自由基的抑制作用均有显著的效果，表明铁皮石斛多糖具有较好的抗氧化活性。不同品种石斛，其抗氧化能力不同。测定铁皮石斛、鼓槌石斛、金钗石斛的体外抗氧化活性试验表明，铁皮石斛抗氧化活性最强，金钗石斛较弱。

铁皮石斛多糖对肝微粒体脂质过氧化具有抑制作用，且具有较强的清除羟基自由基（-OH）和超氧阴离子（O_2^-）的能力，并对 H_2O_2 诱导的红细胞氧化溶血也具有一定的保护作用。

在不同自由基体系下石斛多糖的作用不同，有促进氧化作用，也有清除作用。研究证明，铁皮石斛原球茎多糖组分 DCPP1a-1 能有效清除超氧阴离子（O_2^-）和羟基自由基（-OH），能明显抑制氧自由基和脂质过氧化，并呈现良好的量效关系，并能抑制小鼠肝匀浆及肝线粒体丙二醛（MDA）的生成和肝线粒体肿胀，表明其在细胞器和组织水平上具有较好的体外抗氧化能力，具有一定的抗氧化损伤作用。

研究发现，铁皮石斛鲜品和枫斗均能提高血清和肝中超氧化物歧化酶（SOD）、肝谷胱甘肽过氧化物酶（GSH-Px）的活性，降低血清和肝线粒体丙二醛（MDA），对急性酒精性肝损伤模型小鼠具有抗氧化作用；铁皮石斛鲜品能提高血清 SOD、肝 GSH-Px，能降低血清 MDA。铁皮石斛水提物可显著提高小鼠肝组织中 SOD 活性和降低 MDA 含量，与大豆异黄酮提取物具有协同抗氧化作用。

（三）降血糖

糖尿病是威胁人类健康的主要疾病之一，现代研究表明，铁皮石斛表现出一定的降糖作用，主要与其滋阴清热功效有关。实验发现，铁皮石斛根提取物能明显改善 2 型糖尿病模型小鼠的体征、生活质量和口服糖耐量，降糖效果明显且平稳。铁皮石斛浸膏对正常小鼠血糖及血清胰岛素水平无明显影响，但能使肾上腺素性高血糖小鼠血糖降低、肝糖原含量增高，使链脲霉素诱发的糖尿病（STZ-DM）大鼠血糖降低、血清胰岛素水平升高、胰高血糖素水平降低，表明铁皮石斛对上述两种模型均有明显降血糖作用。铁皮石斛膏可降低糖尿病模型小鼠的血糖值，并明显改善糖耐量，减少其血糖曲线下面积。铁皮枫斗胶囊也具有降血糖效果，且与格列吡嗪合用具有协同作用。

深入研究发现，铁皮石斛对肾上腺素性高血糖小鼠有显著的降血糖作用。其降血糖机制一方面是促进胰岛 B 细胞分泌胰岛素，抑制胰岛 A 细胞分泌胰高血糖素，另一方面是抑制肝糖原分解和促进肝糖原合成。铁皮石斛能改变胰岛细胞激素分泌水平，从而发挥降血糖作用，并对损伤的胰岛 B 细胞具有修复作用，增加胰岛素敏感性，调整糖脂代谢，改善胰岛素抵抗（Insulin resistance，IR）。铁皮石斛多糖对高糖诱导的血管内皮细胞 NF-Kβ 因子的过量表达有较好的抑制作用，提示其可能对糖尿病血管病变具有保护作用。

（四）降血压

现代药理学研究表明，铁皮石斛提取物对易卒中型自发性高血压大鼠（SHR-sp）具有缓和持久的降压作用，并且其降压作用与用量有一定相关性；铁皮石斛提取物与西药尼莫地平合用对 SHR-sp 大鼠能较好地延长生存时间、提高生存率、预防中风，现已用于临床治疗高血压。临床观察显示，铁皮枫斗颗粒和胶囊均能改善气阴两虚证高血压病症状，且铁皮枫斗颗粒对气阴两虚证高血压病患者的血压有一定改善作用。

（五）促消化、促进唾液分泌

2015 年版《药典》记载，铁皮石斛"益胃生津，滋阴清热。用于热病津伤，口干烦渴……"

现代研究表明，铁皮枫斗晶能明显促进大鼠胃液分泌，增加胃酸与胃蛋白酶排出量，并能增强小鼠小肠推进，软化大便。临床观察显示，铁皮枫斗颗粒和胶囊能有效改善慢性萎缩性胃炎气阴两虚证。铁皮石斛浸膏灌胃家兔，能对抗阿托品对唾液分泌的抑制作用，合用西洋参还能促进家兔的正常唾液分泌，且能改善甲亢型阴虚小鼠的虚弱症状。铁皮石斛能增加干燥综合征模型小鼠的唾液分泌量，临床也显示，其能改善干燥综合征患者唾液分泌量，改善其口干的症状。

（六）抗疲劳

《神农本草经》《本草纲目》中都有石斛"补五脏虚劳羸弱"的记载。

现代研究表明，铁皮枫斗能显著延长小鼠负重游泳时间，降低小鼠运动后的血乳酸、肌酸激酶、血清尿素氮的含量，提高运动耐力和加速消除疲劳。人工组培的铁皮石斛胚状体能提高跑步大鼠血糖含量，降低全血乳酸含量和尿素氮含量，也具有提高大鼠抗疲劳能力的作用。铁皮石斛胚状体可在人体跑步 30 分钟后提高血糖含量并降低全血乳酸含量，降低运动后肝糖元及肌糖元的消耗，明显降低血尿素氮的含量。

（七）抗肿瘤

现代研究表明，铁皮石斛含有鼓槌菲（chrysotoxene）和毛兰素（erianin）两种抗癌物质，这两种菲类化合物对肝癌和艾氏腹水癌细胞有抑制活性的作用。研究还发现，铁皮石斛中的多糖和芪类化合物具有一定抗癌活性。抗肿瘤活性初步筛选发现，联苄类化合物 4, 4' - 二羟基 -3, 5- 二甲氧基联苄对人卵巢癌细胞株（A2780）有活性，4, 4' - 二羟基 -3, 3', 5- 三甲氧基联苄对人胃癌细胞株（BGC-823）和人卵巢癌细胞株（A2780）有活性。药理实验证明，铁皮石斛原球茎多糖 DCPP1a-1 对小白鼠实体瘤一定的抑制作用，其中以低剂量效果最好，并显著提高了胸腺和脾指数，有一定的免疫力。从铁皮石斛中分离获得的石斛菲醌对肝癌细胞 HepG-2、胃癌细胞 SGC-7901 和乳腺癌细胞 MCF-7 的增殖都有明显的抑制效果。铁皮石斛提取物对鼻咽癌体外细胞模型及荷瘤裸鼠模型均有明显的抑瘤作用。

目前，临床上更多地将铁皮石斛应用于恶性肿瘤的辅助治疗，用于减轻肿瘤患者化疗、放疗所致的副作用，增强免疫力，提高患者生存质量。

（八）抗肝损伤

现代药理学研究表明，铁皮石斛和铁皮枫斗对急性酒精性肝损伤模型小鼠具有抗氧化作用，能升高肝超氧化物歧化酶（SOD）、肝谷胱甘肽过氧化物酶（GSH-Px），降低血清和肝线粒体丙二醛（MDA），从而可减轻脂质过氧化造成的肝损伤。进一步研究显示，两者对慢性酒精性肝损伤小鼠的肝功能相关指标（ALT、AST、TC）也有一定的改善作用。

（九）其他药理作用

铁皮石斛在预防辐射性损伤方面及止咳化痰等方面显示出良好作用。不同剂量铁皮枫斗晶能不同程度地提高射线照射小鼠 30 天存活率，其机制可能与抑制骨髓有核细胞凋亡、促进骨髓造血功能恢复有关。铁皮枫斗晶能显著促进小鼠气管酚红排泌和家鸽气管内墨汁运动速度，抑制氨水引起的小鼠咳嗽，具有明显的祛痰和镇咳作用。

第三节

常见药用石斛种类及其混伪品

目前我国药材市场上流通的商品石斛原植物来源有 50 多种，其中多数为兰科石斛属植物，少数来自兰科金石斛属、石仙桃属、石豆兰属、贝母兰属及蜂腰兰属，商品石斛品种比较混乱。我国人工栽培的药用石斛有 30 余种，主要品种有铁皮石斛、金钗石斛、流苏石斛、美花石斛、束花石斛、鼓槌石斛和霍山石斛等。多数药用石斛栽培基地都存在品种混乱、品质差异大，以及混种、混收等现象。因此，市场上出现了不少用其他石斛冒充铁皮石斛，甚至以非石斛冒充铁皮石斛的现象。2010 年版《药典》将铁皮石斛单列而有别于其他石斛，国家标准的出台将推动铁皮石斛包括种植、生产、销售和使用等多个环节在内的整个产业的健康有序发展。现将铁皮石斛主要近缘种和混伪品种的主要性状特点简单介绍如下，以供广大种植者参考、鉴别。

一、近缘种及其混伪品

（一）金钗石斛

金钗石斛（*Dendrobium nobile* Lindl），又名万丈须、金钗石、扁金钗、扁黄草、扁草，为多年生草本，形似古代人们头上的发钗而得名。

茎直立，肉质状，肥厚，稍扁的圆柱形，长 10~60 厘米，粗 1.3 厘米，上部呈多回折状弯曲，基部明显收狭，不分枝，具多节，节有时稍肿大；节间多少呈倒圆锥形，长 2~4 厘米，干后金黄色。叶革

质，长圆形，长 6~11 厘米，宽 1~3 厘米，先端钝并且不等侧 2 裂，基部具抱茎的鞘。总状花序从具叶或落了叶的老茎中部以上部分发出，长 2~4 厘米，具 1~4 朵花；花序柄长 5~15 毫米，基部被数枚筒状鞘；花苞片膜质，卵状披针形，长 6~13 毫米，先端渐尖；花梗和子房淡紫色，长 3~6 毫米；花大，白色，带淡紫色先端，有时全体淡紫红色或除唇盘上具 1 个紫红色斑块外，其余均为白色；中萼片长圆形，长 2.5~3.5 厘米，宽 1~1.4 厘米，先端钝，具 5 条脉；侧萼片相似于中萼片，先端锐尖，基部歪斜，具 5 条脉；萼囊圆锥形，长 6 毫米；花瓣多少呈斜宽卵形，长 2.5~3.5 厘米，宽 1.8~2.5 厘米，先端钝，基部具短爪，全缘，具 3 条主脉和许多支脉；唇瓣宽卵形，长 2.5~3.5 厘米，宽 2.2~3.2 厘米，先端钝，基部两侧具紫红色条纹并且收狭为短爪，中部以下两侧围抱蕊柱，边缘具短的睫毛，两面密布短茸毛，唇盘中央具 1 个紫红色大斑块；蕊柱绿色，长 5 毫米，基部稍扩大，具绿色的蕊柱足；药帽紫红色，圆锥形，密布细乳突，前端边缘具不整齐的尖齿。花期 4—5 月。

茎的干燥品商品名称为金钗石斛。多回小弯曲或弯曲条状，表面金黄色或黄中带绿色，多无根头。茎节明显膨大，渐下渐细或不明显膨大，具纵棱条及皱缩，质坚脆，较易折断，断面疏松。气微，味苦。

（二）流苏石斛

流苏石斛（*Dendrobium fimbriatum* Hook.），别名马鞭石斛、大黄草、马鞭秆、旱马棒等。茎粗壮，斜立或下垂，质地硬，圆柱形或有时基部上方稍呈纺锤形，长50~100厘米，粗0.8~2.0厘米，不分枝，具多数节，干后淡黄色或淡黄褐色，节间长3.5~4.8厘米，具多数纵槽。叶2列，革质，长圆形或长圆状披针形，长8~15.5厘米，宽2~3.6厘米，先端急尖，有时稍2裂，基部具紧抱于茎的革质鞘。总状花序长5~15厘米，疏生6~12朵花；花金黄色，质地薄，开展，稍具

香气；花瓣长圆状椭圆形，长1.2~1.9厘米，宽7~10毫米，先端钝，边缘微啮蚀状，具5条脉；唇瓣比萼片和花瓣的颜色深，近圆形，长15~20毫米，基部两侧具紫红色条纹并且收狭为长约3毫米的爪，边缘具复流苏。花期4—6月。

茎的干燥品商品名称为黄草石斛。质轻，断面纤维状，灰白色或灰褐色。鲜品嫩茎紫红色，较老茎绿色。气微，味微苦，嚼之无黏性。以春末夏初和秋季采者为好，蒸透或烤软后，晒干、烘干或鲜用。

（三）鼓槌石斛

鼓槌石斛（*Dendrobium chrysotoxum* Lindl.），别名金弓石斛。茎直立，肉质，纺锤形，长6~30厘米，中部粗1.5~5厘米，具2~5节，具多数圆钝的棱，干后金黄色，近顶端具2~5枚叶。叶革质，长圆形，长达19厘米，宽2~3.5厘米或更宽，先端急尖而钩转，基部收狭，但

21

不下延为抱茎的鞘。总状花序近茎顶端发出，斜出或稍下垂，长达 20 厘米；花质地厚，金黄色，稍带香气；花瓣倒卵形，等长于中萼片，宽约为萼片的 2 倍，先端近圆形，具约 10 条脉；唇瓣的颜色比萼片和花瓣深，近肾状圆形。花期 3—5 月。

茎的干燥品商品名称为黄草石斛。茎呈纺锤形，长 10~30 厘米，中部膨大，直径 1.5~5 厘米。表面金黄色，具 3~7 条深波状的棱。质坚实，断面呈纤维状。气微，味微苦，嚼之有黏性。

（四）细茎石斛

细茎石斛 [*Dendrobium moniliforme* (L.) Sw]，别名铜皮石斛、黄铜皮、铜皮斗、乌铜皮等。茎直立，细圆柱形，通常长 10~20 厘米或更长，粗 3~5 毫米，具多节，节间长 2~4 厘米，干后金黄色或黄色带深灰色。叶数枚，2 列，常互生于茎的中部以上，披针形或长圆形，长 3~4.5 厘米，宽 5~10 毫米，先端钝并且稍不等侧 2 裂，基部下延为抱茎的鞘；总状花序 2 个至数个，生于茎中部以上具叶和落了叶的老茎上，通常具 1~3 朵花；花黄绿色、白色或白色带淡紫红色，有时芳香；萼片和花瓣相似，卵状长圆形或卵状披针形，具 5 条脉；花瓣通常比萼片稍宽；唇瓣白色、淡黄绿色或绿白色，带淡褐色或紫红色至浅黄色斑块，整体轮廓卵状披针形，比萼片稍短，基部楔形，3 裂。花期通常 3—5 月。

　　茎的干燥品商品名称为铜皮石斛、黄铜皮、乌铜皮。具 3~5 环圈，整粒长 1~1.4 厘米。茎直径 2~3 毫米，外表叶鞘纤维残存少或有时较多。久嚼之味略苦，黏滞性较差。

（五）束花石斛

束花石斛（*Dendrobium chrysanthum* Lindl.），别名黄草石斛、粗黄草、马鞭石斛、长苦草等。茎粗厚，肉质，下垂或弯垂，圆柱形，长50~200厘米，粗5~15毫米，上部有时稍回折状弯曲，不分枝，具多节，节间长3~4厘米，干后浅黄色或黄褐色。叶2列，互生于整个茎上，纸质，长圆状披针形，通常长13~19厘米，宽1.5~4.5厘米，先端渐尖，基部具鞘；叶鞘纸质，干后鞘口常杯状张开，常浅白色。伞状花序近无花序柄，每2~6花为一束，侧生于具叶的茎上部；花黄色，质地厚；花瓣呈稍凹的倒卵形，长16~22毫米，宽11~14毫米，先端圆形，全缘或有时具细啮蚀状，具7条脉；唇瓣凹的不裂，肾形或横长圆形。蒴果长圆柱形。花期9—10月。

茎的干燥品商品名称为黄草石斛、粗黄草、马鞭石斛。茎呈细圆

柱形，常弯曲不挺直。表面金黄色或枯黄色，棱条不明显而现纵皱纹。体轻质实，易折断，断面略具纤维性，气微，嚼之有黏性，品质略次，是比较常见的市场水草类枫斗品种。

（六）霍山石斛

　　霍山石斛（*Dendrobium huoshanense* G. Z. Tang et S. J. Cheng），别名米斛、龙头凤尾草、皇帝草、霍石斛、金霍斛、霍斗等。茎直立，肉质，长 3~9 厘米，从基部上方向上逐渐变细，基部上方粗 3~18 毫米，不分枝，具 3~7 节，节间长 3~8 毫米，淡黄绿色，有时带淡紫红色斑点，干后淡黄色。叶革质，2~3 枚互生于茎的上部，斜出，舌状长圆形，长 9~21 厘米，宽 5~7 毫米，先端钝并且微凹，基部具抱茎的鞘；叶鞘膜质，宿存。总状花序 1~3 个，从落了叶的老茎上部发出，具 1~2 朵花；花淡黄绿色，开展；

花瓣卵状长圆形，先端钝，具 5 条脉；唇瓣近菱形，长和宽约相等。花期 5 月。

　　茎的干燥品商品名称为霍山石斛、霍山石斛枫斗、霍斗、金霍斛、霍石斛等。整粒枫斗为黄豆或花生米粒般大，具 3~5 个环圈，粒长 0.4~10 厘米，直径 0.4~0.7 厘米，沸水浸泡或煮沸拉直后，茎长 3.5~8 厘米，直径 0.2~0.5 厘米，一端为根头，另一端为茎尖。气味均淡，久嚼之有黏滞感。

（七）齿瓣石斛

　　齿瓣石斛（*Dendrobium devonianum* Paxt.），别名紫皮石斛、紫皮

兰、紫皮等。茎下垂，稍肉质，细圆柱形，长50~100厘米，粗3~5毫米，不分枝，具多数节，节间长2.5~4厘米，干后常淡褐色带污黑。叶纸质，2列互生于整个茎上，狭卵状披针形，长8~13厘米，宽1.2~2.5厘米，先端长渐尖，基部具抱茎的鞘；叶鞘常具紫红色斑点，干后纸质。总状花序常数个，出自于落了叶的老茎上，每个具1~2朵花；花质地薄，开展，具香气；花瓣与萼片同色，卵形，长2.6厘米，宽1.3厘米，先端近急尖，基部收狭为短爪，边缘具短流苏，具3条脉，其两侧的主脉多分枝；唇瓣白色，前部紫红色，中部以下两侧具紫红色条纹，近圆形，长3厘米。花期4—5月。

茎的干燥品商品名称紫皮枫斗。颜色多为黄色或黄绿色，表面纹稍深，稍密。气味和铁皮枫斗类似，味淡。胶质多，体积小，久嚼有黏滞感，不苦。市售多可冒充铁皮枫斗。

（八）美花石斛

美花石斛（*Dendrobium loddigesii* Rolfe），别名粉花石斛、环草石斛、环钗石斛、环石斛、环钗、环草、小环草等。茎柔弱，常下垂，细圆柱形，长10~45厘米，粗约3毫米，有时分枝，具多节；节间长1.5~2厘米，干后金黄色。叶纸质，2列，互生于整个茎上，舌形，长圆状披针形或稍斜长圆形，通常长2~4厘米，宽1~1.3厘米，先端锐尖而稍钩转，基部具鞘，干后上表面的叶脉隆起呈网格状；叶鞘膜质，干后鞘口常张开。花白色或紫红色，每束1~2朵侧生于具叶的老茎上部；花瓣椭圆形，与中萼片等长，宽8~9毫米，先端稍钝，全缘，具

3~5 条脉；唇瓣近圆形，直径 1.7~2 厘米，上面中央金黄色，周边淡紫红色，稍凹，边缘具短流苏，两面密布短柔毛。花期 4—5 月。

　　茎的干燥品商品名称为环钗。茎细长，圆柱形，常弯曲，盘绕成疏松团状，长 10~20 厘米，直径 0.1~0.3 厘米，节间长 1~2 厘米。外表金黄色或枯黄色，茎横切面有旋状纵皱纹。质实体轻，易折断，断面颗粒状或略呈纤维状。无嗅，味淡，嚼之有黏性。

（九）肿节石斛

　　肿节石斛（*Dendrobium pendulum* Roxb.），别名水打泡。茎斜立或下垂，肉质状肥厚，圆柱形，通常长 22~40 厘米，粗 1~1.6 厘米，不分枝，具多节，节肿大呈算盘珠子样，节间长 2~2.5 厘米，干后淡黄色带灰色。叶纸质，长圆形，长 9~12 厘米，宽 1.7~2.7 厘米，先端急尖，基部具抱茎的鞘；叶鞘薄革质，干后鞘口多少张开。总状花序通常出自落了叶的老茎上部，具 1~3 朵花；花大，白色，上部紫红色，开展，具香气，干后蜡质状；花瓣阔长圆形，长 3 厘米，宽 1.5 厘米，先端钝，基部近楔形收狭，边缘具细齿，具 6 条脉和多数支脉；唇瓣白色，中部以下金黄色，上部紫红色，近圆形。花期 3—4 月。

茎的干燥品商品名称为水打泡枫斗。茎斜立或下垂，肉质状肥厚，圆柱形，茎横切面边缘有 10~12 个浅波。节肿大呈算盘珠子样，干后淡黄色带灰色。肿节石斛是市场水草类枫斗的混用品种之一。

（十）玫瑰石斛

玫瑰石斛（*Dendrobium crepidatum* Lindl. ex Paxt.），别名长苦草、花苦草、短苦草、大黄草、马鞭草、圆石斛。茎悬垂，肉质状肥厚，青绿色，圆柱形，通常长 30~40 厘米，粗约 1 厘米，基部稍收狭，不分枝，具多节，节间长 3~4 厘米，被绿色和白色条纹的鞘，干后紫铜色。叶近革质，狭披针形，长 5~10 厘米，宽 1~1.25 厘米，先端渐尖，基部具抱茎的膜质鞘。总状花序很短，从落了叶的老茎上部发出，具 1~4 朵花；花质地厚，开展；萼片和花瓣白色，中上部淡紫色，干后蜡质状；花瓣宽倒卵形，长 2.1 厘米，宽 1.2 厘米，先端近圆形，具 5 条脉；唇瓣中部以上淡紫红色，中部以下金黄色，近圆形或宽倒卵形。花期 3—4 月。

茎的干燥品商品名称为粗黄草、苦草、长苦草、短苦草、花苦草、大黄草、马鞭草、圆石斛。茎类圆形，茎横切面边缘有不规则波状。市场用作加工水草类枫斗"粗黄草"。

（十一）报春石斛

报春石斛（*Dendrobium primulinum* Lindl. ），别名平头、红平头。茎下垂，厚肉质，圆柱形，通常长 20~35 厘米，粗 8~13 毫米，不分枝，具多数节，节间长 2~2.5 厘米。叶纸质，2 列，互生于整个茎上，披针形或卵状披针形，长 8~10.5 厘米，宽 2~3 厘米，先端钝并且不等侧 2 裂，基部具纸质或膜质的叶鞘。总状花序具 1~3 朵花，通常从落了叶的老茎上部节上

发出；花开展，下垂，萼片和花瓣淡玫瑰色；花瓣狭长圆形，长 3 厘米，宽 7~9 厘米，先端钝，具 3~5 条脉，全缘；唇瓣淡黄色带淡玫瑰色先端，宽倒卵形，两面密布短柔毛，边缘具不整齐的细齿，唇盘具紫红色的脉纹。花期 3—4 月。

茎的干燥品商品名称为平头枫斗、红平头枫斗。茎较粗短，类圆形，茎横切面边缘有不规则波状。花序柄从茎节的凹下处发出，花瓣几乎与萼片等宽。市场用于加工非正品枫斗，混作黄草。

（十二）草石斛

草石斛（*Dendrobium compactum* Rolfe ex W. Hackett），别名小密石斛、小瓜石斛。植株矮小。茎肉质，圆柱形或多少呈纺锤形，长 1.5~3 厘米，连同叶鞘粗 4~5 毫米，具 3~6 节，当年生的被叶鞘所包裹，上一年生的当叶鞘腐烂后呈显金黄色。叶 2 列，2~5 枚，互生，茎下部的叶比上部的短小，草质，长圆形，长 1~2.5 厘米，宽 4~6 毫米，先端钝并且不等侧 2 裂，基部扩大为鞘；叶鞘偏鼓状，纸质，疏松抱茎，

鞘口斜截。总状花序 1~5 个，直立，顶生或侧生于当年生的茎上部，不高出叶外，通常长 1~2 厘米，具 3~6 朵小花；花白色，开展；花瓣近圆形，长 4 毫米，宽 1.7 毫米，先端急尖，边缘微波状；唇瓣浅绿色，近圆形，长 5 毫米，宽约 4 毫米，不明显 3 裂。蒴果卵球形，粗约 5 毫米，具 3 个棱。花期 9—10 月。

茎的干燥品商品名称为虫草枫斗。茎圆柱形或多少呈纺锤形，长 3~5 厘米，茎横切面边缘有不规则波状。市场用于加工"虫草枫斗"类别的枫斗。

（十三）梳唇石斛

梳唇石斛（*Dendrobium strongylanthum* Rchb. f.），别名石笋、大虫草。茎肉质，直立，圆柱形或多少呈长纺锤形，长 3~27 厘米，连同鞘一起粗 4~10 毫米，具多个节，当年生的被叶鞘所包裹，上一年生的当叶鞘腐烂后呈金黄色，多少回折状弯曲。叶质地薄，2 列，互生于整个茎上，长圆形，长 4~10 厘米，宽 1.7 厘米，先端锐尖并且不等侧 2 裂，基部扩大为偏鼓状的鞘；叶鞘草质，干后疏松抱茎，鞘口斜截。总状花序常 1~4 个，顶生或侧生于茎的上部，近直立，远高出叶外，长达 13 厘米；花序轴纤细，密生数朵至 20 余朵小花；花黄绿色，但萼片在基部紫红色；萼囊短圆锥形，长约 4 毫米，花瓣浅黄绿色带紫红色脉纹，卵状披针形，比中萼片稍小，具 3 条脉；唇瓣紫堇色，中部以上 3 裂。花期 9—10 月。

茎的干燥品商品名称为大虫草、石笋、大虫草枫斗、石笋枫斗、吊兰枫斗。茎呈圆形，长 3~27 厘米，粗细适中，茎横切面边缘有不规则波状。市场用于加工"虫草枫斗"类别的枫斗，加工"龙头凤尾"规格的枫斗成品得率很高，含浓厚胶质，质量好。

（十四）藏南石斛

藏南石斛（*Dendrobium monticola* P. F. Hunt et Summerh.），别名假

虫草。植株矮小。茎肉质，直立或斜立，长达 10 厘米，从基部向上逐渐变细，当年生的被叶鞘所包裹，具数节，节间长约 1 厘米。叶 2 列互生于整个茎上，薄革质，狭长圆形，长 25~45 毫米，宽 5~6 毫米，先端锐尖并且不等侧微 2 裂，基部扩大为偏鼓状的鞘；叶鞘疏松抱茎，在茎下部的最大，向上逐渐变小，鞘口斜截。总状花序常 1~4 个，顶生或从当年生具叶的茎上部发出，近直立或弯垂，长 2.5~5 厘米，具数朵小花；花开展，白色；花瓣狭长圆形，长 6~8 毫米，宽约 1.8 毫米，先端渐尖，具 1~3 条脉；唇瓣近椭圆形，长 5.5~6.5 毫米，宽 3.5~4.5 毫米，中部稍缢缩，中部以上 3 裂，基部具短爪。花期 7—8 月。

茎的干燥品商品名称为假虫草、假虫草枫斗。茎呈扁圆形，长 10 厘米，茎横切面边缘有 20 个以上浅波。市场用于加工虫草枫斗的材料之一。

（十五）翅萼石斛

翅萼石斛（*Dendrobium cariniferum* Rchb. f.），为加工市售"龙头凤尾"类枫斗的一种。茎肉质状粗厚，圆柱形或有时膨大呈纺锤形，长 10~28 厘米，中部粗达 1.5 厘米，不分枝，具 6 个以上的节，节间长 1.5~2 厘米，干后金黄色。叶革质，数枚，2 列，长圆形或舌状长圆形，长 11 厘米，宽 1.5~4 厘米，先端钝并且稍不等侧 2 裂，基部下延为抱茎的鞘，下面和叶鞘密被黑色粗毛。总状花序出自近茎端，常具 1~2 朵花；花开展，质地厚，具橘香；花瓣白色，长圆状椭圆形，长约 2 厘米，宽 1 厘米，先端锐尖，具 5

条脉；唇瓣喇叭状，3 裂。蒴果卵球形，直径 3 厘米。花期 3—4 月。

茎的干燥品商品名称为龙头凤尾枫斗。茎粗短，数节至 10 节以下，肉质粗壮，干后金黄色。市场最适合于加工具有"龙头凤尾"规格的枫斗。

（十六）杯鞘石斛

杯鞘石斛（*Dendrobium gratiosissimum* Rchb. f.），别名光节草、光节草枫斗。茎悬垂，肉质，圆柱形，长 11~50 厘米，宽 5~10 毫米，具许多稍肿大的节，上部多少回折状弯曲，节间长 2~2.5 厘米，干后淡黄色。叶纸质，长圆形，长 8~11 厘米，宽 15~18 毫米，先端稍钝并且一侧钩转，基部具抱茎的鞘；叶鞘干后纸质，鞘口杯状张开。

总状花序从落了叶的老茎上部发出，具 1~2 朵花；花白色，带淡紫色先端，有香气，开展，纸质，花瓣斜卵形，长 2.3~2.5 厘米，宽 1.3~1.4 厘米，先端钝，基部收狭为短爪，全缘，具 5 条主脉和许多支脉；唇瓣近宽倒卵形。蒴果卵球形。花期 4—5 月，果期 6—7 月。

茎的干燥品商品名称为光节草、光节草枫斗。茎悬垂，肉质，圆柱形，茎横切面边缘有 20 个左右的浅波，具许多稍肿大的节，上部多少回折状弯曲；干后淡黄色。市场用于加工光节草枫斗。

（十七）疏花石斛

疏花石斛（*Dendrobium harveyanum* Rchb. f.），别名白平头、黄草石斛、中黄草。茎纺锤形，质地硬，长 8~16 厘米，粗 8~12 毫米，通常弧形弯曲，不分枝，具 3~9 节，节间长 1.5~2.5 厘米，具多数扭曲的纵条棱，干后褐黄色，具光泽。叶革质，斜立，常 2~3 枚互生于茎的上部，长圆形或狭卵状长圆形，长 10.5~12.5 厘米，宽 1.6~2.6 厘米，先端急尖，基部收狭并且具抱茎的革质鞘。总状花序出自上一年生具叶的近茎端，纤细，下垂，长 3.5~9 厘米，疏生少数花；花金黄色，质地薄，开展；花瓣长圆形，长 12 毫米，宽 7 毫米，先端钝，具 3 条脉，边缘密生长流苏；唇瓣近圆形，凹陷，宽约 2 厘米，基部收狭为短爪，边缘具复式流苏，唇盘密布短茸毛。花期 3—4 月。

茎的干燥品商品名称为白平头、白平头枫斗、黄草石斛、中黄草等。茎纺锤形，质地硬，常弧形弯曲，茎横切面边缘具有 5~6 个浅波，干后褐黄色，具光泽。市场用于加工"白平头"枫斗。

（十八）晶帽石斛

晶帽石斛（*Dendrobium crystallinum* Rchb. f.），别名刚节草、刚节草枫斗等。茎直立或斜立，稍肉质，圆柱形，长 60~70 厘米，粗 5~7 毫米，不分枝，具多节，节间长 3~4 厘米。叶纸质，长圆状披针形，长 9.5~17.5 厘米，宽 1.5~2.7 厘米，先端长渐尖，基部具抱茎的鞘，具数条两面隆起的脉。总状花序数个，出自上一年生落了叶的老茎上部，具 1~2 朵花；花大，开展；萼片和花瓣乳白色，上部紫红色；花瓣长圆形，长 3.2 厘米，宽 1.2 厘米，先端急尖，

边缘多少波状，具7条脉；唇瓣橘黄色，上部紫红色，近圆形，长2.5厘米，全缘。蒴果长圆柱形。花期5—7月，果期7—8月。

茎的干燥品商品名称为刚节草、刚节草枫斗、黄草等。茎稍肉质，圆柱形或略呈椭圆形，茎横切面边缘有不规则波状。市场主要用于加工黄草，也用于加工刚节草枫斗。

（十九）兜唇石斛

兜唇石斛 [*Dendrobium aphyllum*（Roxb.）C. E. Fischer]，别名无叶石斛、大光节等。茎下垂，肉质，细圆柱形，长30~60（~90）厘米，粗4~7（~10）毫米，不分枝，具多数节；节间长2~3.5厘米。叶纸质，2列，互生于整个茎上，披针形或卵状披针形，长6~8厘米，宽2~3

厘米，先端渐尖，基部具鞘；叶鞘纸质，干后浅白色，鞘口呈杯状张开。总状花序几乎无花序轴，每1~3朵花为一束，从落了叶或具叶的老茎上发出；花开展，下垂；萼片和花瓣白色带淡紫红色或浅紫红色的上部或有时全体淡紫红色；花瓣椭圆形，长2.3厘米，宽9~10毫米，先端钝，全缘，具5条脉；唇瓣宽倒卵形或近圆形。蒴果狭倒卵形，具长1~1.5厘米的柄。花期3—4月，果期6—7月。

茎的干燥品商品名称为大光节、黄草石斛、粗黄草、马鞭黄草等。茎肉质，细圆柱形，茎横切面边缘有不规则波状。市场用于加工黄草石斛、粗黄草、马鞭黄草，也用于加工成枫斗，为"紫皮枫斗"的一种，称"大光节"，但该种的茎较齿瓣石斛粗，其产品枫斗也较"紫皮枫斗"粗大。

（二十）叠鞘石斛

叠鞘石斛（*Dendrobium aurantiacum* Rchb. f. var. *denneanum*），别名迭鞘石斛、铁光节、金兰、紫斑金兰等，是线叶石斛的一个变种。茎圆柱形，长 25~35 厘米，较粗壮，茎粗 4 毫米以上，不分枝，具多数节，干后淡黄色或黄褐色。叶互生，革质，线形或狭长圆形，长 8~10 厘米，宽 1.8~4.5 厘米，基部具鞘；叶鞘紧抱于茎。总状花序侧生于茎的上端，长 5~14 厘米，具 3~5 朵花，花苞片膜质，长 1.8~3 厘米，浅白色，舟状；花橘黄色，开展；中萼片长圆状椭圆形，先端钝，全缘，具 5 条脉；侧萼片长圆形，先端钝，具 5 条脉；花瓣椭圆形或宽椭圆状倒卵形，长 2.4~2.6 厘米，宽 1.4~1.7 厘米，先端钝，全缘，具 3 条脉；唇瓣近圆形，长 2.5 厘米，宽约 2.2 厘米，上面具有密布茸毛和 1 个大的紫色斑块，边缘具不整齐的细齿。

茎的干燥品商品名称为黄草石斛、黄草、马鞭石斛等。茎长圆柱形，长可达 2 厘米，直径 0.3~1 厘米；节间长 2.5~4 厘米，表面黄色至黄绿色，具纵槽，上部多少曲折，近基部光滑无槽。质脆易折断，断面纤维状。气微，味微苦，嚼之有黏性。市场主供作黄草石斛用，称为"铁光节"，用于加工生产"铁光节"枫斗。

（二十一）翅梗石斛

翅梗石斛（*Dendrobium trigonopus* Rchb. f.），别名老麻珠、老麻珠枫斗。茎丛生，肉质状粗厚，呈纺锤形或有时呈棒状，长 5~11 厘米，中部粗 12~15 毫米，不分枝，具 3~5 节，节间长约 2 厘米，干后金黄色。叶厚革质，3~4 枚近顶生，长圆形，长 8~9.5 厘米，宽 15~25 毫米，先端锐尖，基部具抱茎的短鞘，在上面中肋凹下，在背面的脉上被稀疏的黑色粗毛。总状花序出自具叶的茎中部或近顶端，常具 2 朵花，花下垂，不甚开展，质地厚，除唇盘稍带浅绿色外，均为蜡黄色；花瓣卵状长圆形，长约 2.5 厘米，宽 1.1 厘米，先端急尖，具 8 条脉；唇瓣直立，与蕊柱近平行，长 2.5 厘米，基部具短爪，3 裂。花期 3~4 月。

茎的干燥品商品名称为老麻珠、老麻珠枫斗。茎纺锤形，长度 10 厘米以内，茎横切面边缘有不规则波状，干后金黄色。适合用于加工枫斗产品，称为"老麻珠"，用来加工生产"老麻珠"枫斗。

（二十二）大苞鞘石斛

大苞鞘石斛（*Dendrobium wardianum* Warner），别名腾冲石斛、大石笋。茎斜立或下垂，肉质状肥厚，圆柱形，通常长 16~46 厘米，粗 7~15 毫米，不分枝，具多节；节间多少肿胀呈棒状，长 2~4 厘米，干后硫黄色带污黑色。叶薄革质，2 列，狭长圆形，长 5.5~15 厘米，宽

1.7~2 厘米，先端急尖，基部具
鞘；叶鞘紧抱于茎，干后鞘口常
张开。总状花序从落了叶的老茎
中部以上部分发出，具 1~3 朵花；
花大，开展，白色带紫色先端；
花瓣宽长圆形，与中萼片等长而
较宽，达 2.8 厘米，先端钝，基
部具短爪，具 5 条主脉和许多支
脉；唇瓣白色带紫色先端，宽卵
形。花期 3—5 月。

　　茎的干燥品商品名称为大石笋、大石笋枫斗。茎肉质状肥厚，圆
柱形，不分枝，具多节，节间多少肿胀呈棒状，茎横切面边缘有不规
则波状，干后硫黄色带污黑色。茎用于加工枫斗，称为"大石笋"枫斗。

（二十三）细叶石斛

　　细叶石斛（*Dendrobium hancockii* Rolfe），别名节节草、吊兰细枫
斗、黄草石斛、马鞭石斛、粗黄草等。茎直立，质地较硬，圆柱形或
有时基部上方有数个节间膨大而形成纺锤形，长达 80 厘米，粗 2~20
毫米，通常分枝，具纵槽或条
棱，干后深黄色或橙黄色，有
光泽，节间长达 4.7 厘米。叶
通常 3~6 枚，互生于主茎和分
枝的上部，狭长圆形，长 3~10
厘米，宽 3~6 毫米，先端钝并
且不等侧 2 裂，基部具革质鞘。
总状花序长 1~2.5 厘米，具 1~2
朵花，花质地厚，稍具香气，
开展，金黄色，仅唇瓣侧裂片

内侧具少数红色条纹；花瓣斜倒卵形或近椭圆形，与中萼片等长而较宽，先端锐尖，具 7 条脉，唇瓣长宽相等，1~2 厘米，基部具 1 个胼胝体，中部 3 裂。花期 5—6 月。

茎的干燥品商品名称为节节草、节节草枫斗。茎圆柱形或纺锤形，下部茎枝较粗，坚硬，在老枝上长出分枝的茎纤细。叶多呈线形。茎干后深黄色或橙黄色，有光泽，横切面边缘有棱角。云南产粗黄草植物来源包括细叶石斛。广西产枫斗分黑节西枫斗和吊兰西枫斗两个品种，吊兰西枫斗以吊兰草（又名黄草，即细叶石斛）为原料加工而成。近年，被用于加工生产枫斗，名为"节节草"枫斗。

（二十四）黑毛石斛

黑毛石斛（*Dendrobium williamsonii* Day et Rchb. f.），别名毛兰草、毛兰草枫斗、圆石斛、细黄草等。茎圆柱形，有时肿大呈纺锤形，长达 20 厘米，粗 4~6 毫米，不分枝，具数节，节间长 2~3 厘米，干后

金黄色。叶数枚，通常互生于茎的上部，革质，长圆形，长 7~9.5 厘米，宽 1~2 厘米，先端钝并且不等侧 2 裂，基部下延为抱茎的鞘，密被黑色粗毛，尤其叶鞘。总状花序出自具叶的茎端，具 1~2 朵花；花开展，萼片和花瓣淡黄色或白色，相似，近等大，狭卵状长圆形，长 2.5~3.4 厘米，宽 6~9 毫米，先端渐尖，具 5 条脉；唇瓣淡黄色或白色，带橘红色的唇盘，长约 2.5 厘米，3 裂。花期 4—5 月。

茎的干燥品商品名称为毛兰草、毛兰草枫斗。茎圆柱形，有时肿大呈纺锤形，干后金黄色，茎横切面边缘有不规则波状。黑毛石斛的茎用于加工细黄草药材，近年用于加工"毛兰草"枫斗。

（二十五）矮石斛

矮石斛（*Dendrobium bellatulum* Rolfe），别名小美石斛、矮珠等。茎直立或斜立，粗短，纺锤形或短棒状，长 2~5 厘米，中部粗 3~18 毫米，具许多波状纵条棱和 2~5 节，节间长 5~10 毫米。叶 2~4 枚，近顶生，革质，舌形，卵状披针形或长圆形，长 15~40 毫米，宽 10~13 毫米，先端钝并且不等侧 2 裂，基部下延为抱茎的鞘，两面和叶鞘均密被黑色短毛，至少幼时如此。总状花序顶生或近茎的顶端发出，具 1~3 朵花；花开展，除唇瓣的中裂片金黄色和侧裂片的内面橘红色外，均为白色；花瓣倒卵形，等长于中萼片而较宽，先端近圆形，具 5 条脉；唇瓣近提琴形，长约 3 厘米，3 裂。花期 4—6 月。

茎的干燥品商品名称为矮珠枫斗。茎粗短，纺锤形或短棒状，中部粗，具许多波状纵条棱，茎横切面边缘波状或具小凹突，曾被误作"黑节草""霍山石斛"。有时茎被加工制成扁黄草（即金钗石斛）入药。近年用于加工"矮珠"枫斗。

（二十六）重唇石斛

重唇石斛（*Dendrobium hercoglossum* Rchb. f.），别名网脉唇石斛、爪兰、鸡爪兰。茎下垂，圆柱形或有时从基部上方逐渐变粗，通常长

8~40 厘米，粗 2~5 毫米，具少数至多数节，节间长 1.5~2 厘米，干后淡黄色。叶薄草质，狭长圆形或长圆状披针形，长 4~10 厘米，宽 4~14 毫米，先端钝并且不等侧 2 圆裂，基部具紧抱于茎的鞘。总状花序通常数个，从落了叶的老茎上发出，常具 2~3 朵花；花开展，萼片和花瓣淡粉红色；花瓣倒卵状长圆形，长 1.2~1.5 厘米，宽 4.5~7 毫米，先端锐尖，具 3 条脉；唇瓣白色，直立，长约 1 厘米，分前后唇：后唇半球形，前端密生短流苏，内面密生短毛，前唇淡粉红色，较小，三角形，先端急尖，无毛。花期 5—6 月。

茎的干燥品商品名称为鸡爪兰枫斗。茎圆柱形或有时从基部上方逐渐变粗，具少数至多数节，干后淡黄色，茎横切面边缘有深波状弯曲。味苦，汁液不黏，质量较差。曾被用作"细霍斗"、爪兰斗、环草石斛、吊兰枫斗、扁黄草（即金钗石斛）、黄草石斛、环钗石斛等。有时茎被加工制成扁黄草（即金钗石斛）入药。近年用于加工生产"鸡爪兰"枫斗。

（二十七）密花石斛

密花石斛（*Dendrobium densiflorum* Lindl.），别名黄草、黄草石斛。茎粗壮，通常棒状或纺锤形，长 25~40 厘米，粗 2 厘米，下部常收狭为细圆柱形，不分枝，具数个节和 4 个纵棱，有时棱不明显，干后淡褐色并且带光泽；叶常 3~4 枚，近顶生，革质，长圆状披针形，长 8~17 厘米，宽 2.6~6 厘米，先端急尖，基部不下延为抱茎的鞘。总状花序从上一年或 2 年生具叶的茎上端发出，下垂，密生许多花，花开展，萼片和花瓣淡黄色；花瓣近圆形，长 1.5~2 厘米，宽 1.1~1.5 厘米，基部收狭为短爪，中部以上边缘具啮齿，具 3 条主脉和许多支脉；唇瓣金黄色，圆状菱形。花期 4—5 月。

茎的干燥品，商品名称为黄草石斛、黄草。茎呈棒状，长可达 40 厘米，直径 0.5~1.5 厘米。表面黄色或青绿色，有 4 条纵棱及纵槽，茎中下部节间长，上部节间短，可见花序柄脱落的疤痕。干后淡褐色并且带光泽，质硬脆，断面平坦，略具纤维状。气微，味淡。茎被加工用作粗黄草、马鞭黄草、小瓜黄草等。

（二十八）球花石斛

球花石斛（*Dendrobium thyrsiflorum* Rchb. f.），别名黄草石斛。茎

直立或斜立，圆柱形，粗壮，长 12~50 厘米，粗 7~16 毫米，基部收狭为细圆柱形，不分枝，具数节，黄褐色并且具光泽，有数条纵棱。叶 3~4 枚，互生于茎的上端，革质，长圆形或长圆状披针形，长 9~16 厘米，宽 2.4~5 厘米，先端急尖，基部不下延为抱茎的鞘，但收狭为长约 6 毫米的柄。总状花序侧生于带有叶的老茎上端，下垂，长 10~16 厘米，密生许多花，花开展，质地薄，萼片和花瓣白色；花瓣近圆形，长 14 毫米，宽 12 毫米，先端圆钝，基部具长约 2 毫米的爪，具 7 条脉和许多支脉，基部以上边缘具不整齐的细齿；唇瓣金黄色，半圆状三角形，长 15 毫米，宽 19 毫米，先端圆钝，基部具长约 3 毫米的爪。花期 4—5 月。

茎的干燥品商品名称为黄草石斛。茎呈长棒状，中部较粗，基部收窄；长可至 50 厘米，中部直径 0.5~1.5 厘米。表面黄色或深绿色，茎中下部节间长 3~6 厘米。具纵槽上部节间短，节上可见花柄脱落的

疤痕。茎松泡，不易折断，断面呈纤维状。须根灰白色，微波状弯曲，直径2~3毫米。气微，味微苦而回甜，嚼之有黏性。茎用作加工黄草石斛。

（二十九）短棒石斛

短棒石斛（*Dendrobium capillipes* Rchb. f.），别名黄草石斛、小瓜黄草。茎肉质状，近扁的纺锤形，长8~15厘米，中部粗约1.5厘米，不分枝，具多数钝的纵条棱和少数节间。叶2~4枚近茎端着生，革质，狭长圆形，通常长10~12厘米，宽1~1.5厘米，先端稍钝并且具斜凹缺，基部扩大为抱茎的鞘。总状花序通常从落了叶的老茎中部发出，近直立，长12~15厘米，疏生2朵至数朵花；花金黄色，开展；花瓣卵状椭圆形，长1.5厘米，宽9毫米，先端稍钝，具4条脉；唇瓣的颜色比萼片和花瓣深，近肾形。花期3—5月。

茎的干燥品商品名称为黄草石斛。茎呈短棒状或纺锤形，长 15 厘米，表面黄绿色或黄色，具线状纵皱纹。质轻，易折断，断面疏松似海绵。气淡，味淡，嚼之有黏性。细茎被加工成细黄草，棒状茎则制成小瓜黄草。

（三十）曲茎石斛

曲茎石斛（*Dendrobium flexicaule* Z. H. Tsi，S. C. Sun et L. G. Xu），别名花石斛。茎圆柱形，稍回折状弯曲，长 6~11 厘米，粗 2~3 毫米，不分枝，具数节，节间长 1~1.5 厘米，干后淡棕黄色。叶 2~4 枚，2 列，互生于茎的上部，近革质，长圆状披针形，长约 3 厘米，宽 7~10 毫米，先端钝并且稍钩转，基部下延为抱茎的鞘。花序从落了叶的老茎上部发出，具 1~2 朵花；花开展，花瓣下部黄绿色，上部近淡紫色，椭圆形，长约 25 毫米，中部宽 13 毫米，先端钝，具 5 条脉；唇瓣淡黄色，先端边缘淡紫色，中部以下边缘紫色，宽卵形，不明显 3 裂。花期 5 月。

曲茎石斛茎可能曾被用作加工"老河口枫斗""白毛枫斗"。由于其植株非常矮小，也有归（误）作"霍山石斛"。

（三十一）聚石斛

聚石斛（*Dendrobium lindleyi*），别名鸡背石斛。茎假鳞茎状，密集或丛生，两侧多少压扁状，纺锤形或卵状长圆形，通常 2~5 节，长 1~5 厘米，粗约 15 毫米，顶生 1 枚叶，基部收狭，干后淡黄褐色，具光泽；节间长 1~2 厘米，被白色膜质鞘。叶革质，长圆形，长 3~8 厘米，宽 6~30 毫米，先端钝并微凹，基部收狭但不下延为鞘，边缘多少波状。总状花序生于新茎上部节上，有花 5~12 朵，橙黄色，唇瓣近圆形，质地薄，形如金币，非常美丽。

茎的干燥品商品名称为黄金泽。全体呈纺锤形，长 3~5 厘米，直径约 1.5 厘米，具 3 棱或 4 棱，3~5 节，节处稍缢缩，表面金黄色，光滑而有光泽，质坚而体轻，纵向撕裂可见内部海绵状疏松，白色。气淡，味淡。茎用作加工药材黄金泽。

（三十二）串珠石斛

串珠石斛（*Dendrobium falconeri* Hook.），别名米兰石斛、红鹏石斛。茎悬垂，肉质，细圆柱形，长 30~40 厘米或更长，粗 2~3 毫米，近中部或中部以上的节间常膨大，多分枝，在分枝的节上通常肿大而呈念珠状，主茎节间较长，达 3.5 厘米，分枝节间长约 1 厘米，干后褐黄色，有时带污黑色。叶薄革质，常 2~5 枚，互生于分枝的上部，狭披针形，长 5~7 厘米，宽 3~7 毫米，先端钝或锐尖而稍钩转，基部具鞘；叶鞘纸质，通常水红色，筒状。总状花序侧生，常减退成单朵；花大，开展，质地薄，很美丽；萼片淡紫色或水红色带深紫色先端；花瓣白色带紫色先端，卵状菱形，长 2.9~3.3 厘米，宽 1.4~1.6 厘米，先端近锐尖，基部楔形，具 5~6 条主脉和许多支脉；唇瓣白色带紫色先端，卵状菱形。花期 5—6 月。

串珠石斛曾是环草石斛的植物来源之一。串珠石斛主茎木质硬脆，不堪药用，但有将之混入"香棍黄草"的，其枝条肉质柔软，可加工细黄草。

（三十三）长距石斛

长距石斛（*Dendrobium longicornu* Lindl.），别名细黄草。茎丛生，质地稍硬，圆柱形，长 7~35 厘米，粗 2~4 毫米，不分枝，具多个节，节间长 2~4 厘米。叶数枚，薄革质，狭披针形，长 3~7 厘米，宽 5~14 毫米，向先端渐尖，先端不等侧 2 裂，基部下延为抱茎的鞘，两面和叶鞘均被黑褐色粗毛。总状花序从具叶的近茎端发出，具 1~3 朵花，

花开展，除唇盘中央橘黄色外，其余为白色；花瓣长圆形或披针形，长 1.5~2 厘米，宽 4 毫米，先端锐尖，具 5 条脉，边缘具不整齐的细齿；唇瓣近倒卵形或菱形，前端近 3 裂；药帽近扁圆锥形，前端边缘密生髯毛，顶端近截形。花期 9—11 月。

长距石斛茎可用作加工细黄草，也可能加工成枫斗。

（三十四）滇桂石斛

滇桂石斛（*Dendrobium guangxiense* S. J. Cheng et C. Z. Tang），茎圆柱形，近直立，长 15~24（~60）厘米，粗约 4 毫米，不分枝，具多数节，节间长 2~2.5 厘米。叶通常数枚，2 列，互生于茎的上部，近革质，长圆状披针形，长 3~4（~6）厘米，宽 7~9（~15）毫米，先端钝并且稍不等侧 2 裂，基部收狭并且扩大为抱茎的鞘。总状花序出自落了叶或带叶的老茎上部，具 1~3 朵花；花开展，萼片淡黄白色或

白色，近基部稍带黄绿色；花瓣与萼片同色，近卵状长圆形，长 12~16 毫米，宽 5.5~6 毫米，先端钝，具 3~5 条脉；唇瓣白色或淡黄色，宽卵形，长 11~14 毫米，宽 9~11 毫米，不明显 3 裂。花期 4—5 月。

滇桂石斛曾经作为石斛的植物来源之一，其茎据说可加工成枫斗。

（三十五）钩状石斛

钩状石斛（*Dendrobium aduncum* Lindl.），茎下垂，圆柱形，长 50~100 厘米，粗 2~5 毫米，有时上部多少弯曲，不分枝，具多个节，节间长 3~3.5 厘米，干后淡黄色。叶长圆形或狭椭圆形，长 7~10.5 厘米，宽 1~3.5 厘米，先端急尖并且钩转，基部具抱茎的鞘。总状花序通常数个，出自落了叶或具叶的老茎上部，花开展，萼片和花瓣淡粉红色；花瓣长圆形，长 1.4~1.8 厘米，宽 7 毫米，先端急尖，具 5 条脉；唇瓣白色，朝上，凹陷呈舟状，展开时为宽卵形。花期 5—6 月。

钩状石斛茎可加工制作黄草石斛，茎多少肉质，极有可能加工成枫斗。

（三十六）曲轴石斛

曲轴石斛（*Dendrobium gibsonii* Lindl.），别名紫斑石斛。茎斜立或悬垂，质地硬，圆柱形，长 35~100 厘米，粗 7~8 毫米，上部有时稍弯曲，不分枝，具多节；节间长 2.4~3.4 厘米，具纵槽，干后淡黄色。叶革质，2 列互生，长圆形或近披针形，长 10~15 厘米，宽 2.5~3.5 厘米，先端急尖，基部具纸质鞘。总状花序出自落了叶的老茎上部，常下垂；花序轴暗紫色，常折曲，长 15~20 厘米，疏生几朵至 10 余朵花；花橘黄色，开展；花瓣近椭圆形，长 1.4~1.6 厘米，宽 8~9 毫米，先端钝，边缘全缘，具 5 条脉；唇瓣近肾形，长 1.5 厘米，宽 1.7 厘米，先端稍凹，基部收狭为爪。花期 6—7 月。

曲轴石斛茎可用作加工粗黄草。

（三十七）罗河石斛

罗河石斛（*Dendrobium lohohense*），茎质地稍硬，圆柱形，长 80 厘米，粗 3~5 毫米，具多节，节间长 13~23 毫米，上部节上常生根而分出新枝条，干后金黄色，具数条纵条棱。叶薄革质，2 列，长圆形，长 3~4.5 厘米，宽 5~16 毫米，先端急尖，基部具抱茎的鞘，叶鞘干后疏松抱茎，鞘口常张开。花黄色，数朵单生于无叶的茎的上部；中央萼片椭圆形，两侧萼片斜椭圆形；花瓣椭圆形，唇瓣倒卵形，铺平时长 2 厘米，宽 1.7 厘米，有肉质乳突状突起，前

缘有不规则锯齿；合蕊柱高 3.5 毫米，蕊柱足长 7 毫米。花期 6 月。

罗河石斛茎多用作加工中黄草或细黄草。

（三十八）杓唇石斛

杓唇石斛 [*Dendrobium moschatum*（Buch.-Ham.）Sw.]，茎粗壮，质地较硬，直立，圆柱形，长达 1 米，粗 6~8 毫米，不分枝，具多节，节间长约 3 厘米。叶革质，2 列，互生于茎的上部，长圆形至卵状披针形，长 10~15 厘米，宽 1.5~3 厘米，先端渐尖或不等侧 2 裂，基部具紧抱于茎的纸质鞘。总状花序出自上一年生具叶或落了叶的茎近端，下垂，长约 20 厘米，疏生数朵至 10 余朵花；花深黄色，白天开放，晚间闭合，质地薄；花瓣斜宽卵形，长 2.6~3.5 厘米，宽 1.7~2.3 厘米，先端钝，具 7 条脉；唇瓣圆形，边缘内卷而形成勺状。花期 4—6 月。

杓唇石斛是粗黄草的植物来源之一，产量较大。

（三十九）广东石斛

广东石斛（*Dendrobium wilsonii* Rolfe），别名白花铜皮石斛。茎直立或斜立，细圆柱形，通常长 10~30 厘米，粗 4~6 毫米，不分枝，具少数节至多数节，节间长 1.5~2.5 厘米，干后淡黄色带污黑色。叶革质，2 列，数枚，互生于茎的上部，狭长圆形，长 3~5（~7）厘米，宽 6~12（~15）毫米，先端钝并且稍不等侧 2 裂，基部具抱茎的鞘；叶鞘革质，老时呈污黑色，干后鞘口常呈杯状张开。总状花序 1~4 个，从落了叶的老茎上部发出，具 1~2 朵花；花大，乳白色，有时带淡红色，开展；花瓣近椭圆形，长 2.5~4 厘米，宽 1~1.5 厘米，先端锐尖，具 5~6 条主脉和许多支脉；唇瓣卵状披针形，比萼片稍短而宽得多，具 3 裂或不明显 3 裂，基部楔形，其中央具 1 个胼胝体。花期 5 月。

广东石斛茎用于加工环钗石斛、环草石斛、黄草石斛和吊兰枫斗等。目前已濒临灭绝。

（四十）喇叭唇石斛

喇叭唇石斛（*Dendrobium lituiflorum* Lindl.），别名喇叭石斛。茎下垂，稍肉质，圆柱形，长 30~40 厘米或更长，粗 7~10 毫米，不分枝，具多节，节间长 3~3.5 厘米。叶纸质，狭长圆形，长 7.5~18 厘米，宽 12~15 毫米，先端渐尖并且一侧稍钩转，基部具鞘。总状花序多个，出自于落了叶的老茎上，每个通常 1~2 朵花；花大，紫色，膜质，开展；花瓣近椭圆形，长约 4 厘米，宽 1.5 厘米，先端锐尖，全缘，具 7 条脉；唇瓣周边为紫色，内面有 1 条白色环带围绕的深紫色斑块，近倒卵形，比花瓣短，中部以下两侧围抱蕊柱而形成喇叭形，边缘具不规则的细齿，上面密布短毛。花期 3 月。

不排除药农在石斛资源紧缺情况下，将喇叭唇石斛混在药材中或加工枫斗。

另外，石斛的混淆品种主要还有麦斛（*Bulbophyllum inconspicuum*

Maxim.）、广东石豆兰（*Bulbophyllum kwangtungense* Schlecht.）及石仙桃（*Pholidota chinensis* Linkl.）。

二、伪品鉴别

　　石斛属药材应用混乱，历史上曾将外形极其相似的霍山石斛和细茎石斛的干燥茎作为铁皮石斛药材入药。早在清代《本草纲目拾遗》中就有"枫斗"的记载，当时名为"霍石斛"（霍山石斛）。真正的霍山石斛在霍山当地早已灭绝，长期以来市场上有名无货，药农多以其他石斛如铁皮石斛、细茎石斛来冒充霍山石斛。近年来，由于铁皮石斛资源日趋紧缺，有些加工基地将细茎石斛的幼茎加工成吊兰枫斗，从外形上看，无龙头凤尾，两端剪痕明显，茎较粗壮，外表金黄色，断面粉性较强。真正的铁皮枫斗在市场上已经很少，现在流通较多且品质尚佳的有紫皮枫斗，主要由齿瓣石斛加工而成，另外还有虫草枫斗、水草枫斗、刚节草等品种。

　　石斛具有较高的药用价值和很高的开发、利用空间。近些年来，以石斛为原料开发的产品日益增多，但不同种类石斛药用成分及含量差异较大，导致其药理作用和价格差异比较悬殊。目前市售石斛品种混乱，各种伪品充斥市场，甚至兰科石豆兰属（*Bulbophyllum*）、金石斛属（*Flictdngeda*）和石仙桃属（*Pholidota*）的不少伪品也作为石斛在市场上流通，致使石斛成为种源最为混乱的药材之一。因此，石斛的准确鉴别就显得十分重要。

　　目前，最常见还是通过外在形态、性状鉴别和内在质量鉴别相结合的方法来鉴别真伪，即除了通过观察药材（枫斗）形状、大小、颜色、表面、质地、断面、气味等进行性状、色泽和显微结构鉴别外，其内在质量的鉴别主要是味与汁液，即味甘淡、嚼之黏性浓者为上品，味苦、嚼之无黏性者则次之。近年来，除了性状显微鉴别法外，光谱、色谱及 DNA 分子鉴别（如 DNA 条形码等）等多种鉴别方法均已用于药用石斛及其混淆品的辅助鉴别。这些鉴别技术主要集中在性状鉴别、显微鉴别、薄层色谱法鉴别、高效液相色谱法鉴别及 DNA 分子鉴别等方面。在实际鉴别工作中，应注重不同鉴别方法的综合应用，通过对每一种鉴别方法的优缺点进行分析，做到优缺互补，建立快捷、稳定、准确、实用的药用石斛综合鉴别方法，以解决药用石斛的鉴别问题。

第二章

铁皮石斛生物学特性
及其对环境条件的要求

第一节

铁皮石斛生物学特性

一、形态特征

铁皮石斛为多年生附生草本植物，茎直立，圆柱形，纤细，长4~50厘米，直径0.2~0.4厘米，节间长1~6厘米，具纵纹，多节，铁灰色或灰绿色，有明显光泽且呈灰褐色的小节，故又有"黑节草"之称。节上有花序柄痕及残存叶鞘。叶互生，3~5枚，生于茎上部节上，2列，纸质，矩圆状披针形，长3~7厘米，宽0.8~2.0厘米，先端钝，顶端略钩，基部下延为抱茎的鞘，边缘和中肋常带淡绛紫色；叶鞘灰白色，稍带紫色斑点，鞘口开张，抱茎不超过上一节，常与节留有1个环状间隙，质硬而脆。总状花序，生于无叶的茎上端，长2~4厘米，呈回折状弯曲，花2~5朵，淡黄色，稍有香气；花直径1.5~2.0厘米；唇形花，其中1枚花瓣变异成唇瓣。铁皮石斛花的雌蕊与雄蕊合为一体形成一种典型的合蕊柱，雌蕊位于下方，雄蕊在上方，每枚花有花粉粒4粒，药帽近卵形，顶端中间开裂，花苞片淡白色，花被片黄绿色，唇瓣卵状披针形，长1.6厘米，白色，上半部具有1个紫红色大斑块，下部两侧具有紫红色条纹；中萼片与花瓣相似，矩圆状披针形，长1.7~1.9厘米，宽0.4~0.5厘米；侧萼片宽约1厘米；萼囊圆锥形，长约0.5厘米；唇盘上密被乳突状短柔毛，基部有1枚黄绿色胼胝体。铁皮石斛果实为椭圆形蒴果，长3~5厘米，成熟时为黄绿色。每个果实含有上万颗种子，铁皮石斛种子在普通光学显微镜下为黄绿色，两端具翅，外形为长纺锤形，种子长0.40毫米，宽0.09毫米。

二、生态习性

铁皮石斛在国内主要分布在云南、安徽、贵州、广西、浙江、广东等省份，西藏也有分布。其对生态环境要求严格，多附生于海拔 2 100~2 500 米的林缘岩石或林中长满苔藓、爬满野藤、直径粗的阔叶树上，喜阴凉、湿润的环境，通常与地衣、蕨类和藓类植物互生，适宜在空气相对湿度大于 70% 的环境下生长。要求热量资源丰富，生长期年平均温度在 17~22℃，最冷月最热月温差不明显，1 月平均气温在 10 ℃以上；无霜期 250~350 天；年降水量 1 000 毫米以上。开花期主要集中在 5 月至 6 月下旬，花期 3~6 个月。蒴果于 10 月上旬至翌年 2 月陆续成熟。铁皮石斛的种子极为细小，胚胎发育不完全，无胚乳组织，在自然状态下发芽率极低，有性繁殖极为困难，主要靠无性繁殖，从根部不断分蘖或从上部茎节处生根长出新的植株。茎的生命周期通常为 3 年，3 月至 4 月初 2 年生茎的基部腋芽萌发形成幼苗，1 枝母茎能发 1~3 个新苗。一般在第 3 年秋末春初采收。

第二节

铁皮石斛对环境条件的要求

野生植物物种的分布均有地域性，这主要与不同地域的气候、水资源、土壤养分及微生物群落等环境条件有关，这是植物物种长期进化与适应的结果。在我国，野生铁皮石斛主要分布在秦岭淮河以南地区，到目前为止，除海南省尚未见到有人采到过野生的铁皮石斛的报道之外，秦岭淮河以南的其他省份均有发现野生铁皮石斛的报道。从野生铁皮石斛生长的小环境（生境）来看，大部分野生的铁皮石斛附生于半阴生环境的岩石或阔叶林的树枝上，少部分野生的铁皮石斛附生于阳光能直射到的丹霞地貌的石头上。下面着重从温度、光照、水分和植物营养等方面对铁皮石斛的生长习性进行阐述。

一、温度

我国出产的野生铁皮石斛主要分布在秦岭淮河以南的安徽、湖南、云南、贵州、广东、广西、福建、江西、浙江等地，其中又以云南最多。秦岭淮河是我们常说的中国南北方地理分界线，秦岭淮河以南俗称南方，秦岭淮河以北俗称北方。秦岭淮河一线是我国1月0℃的等温线，秦岭淮河一线以南1月平均气温在0℃以上，秦岭淮河以北1月平均气温在0℃以下，它是我国暖温带和亚热带分界线。然而，秦岭淮河一线以南1月平均气温尽管在0℃以上，但极端低温有时也会低到-20℃，如安徽霍山历史上最低温度曾低到-24℃。秦岭淮河一线以南的最高温度可超过40℃，如广东中北部地区的极端最高气温可达

40~42℃，然而这些地区也有野生铁皮石斛的分布，当然野生铁皮石斛生长的小气候环境的温度可能会与人们记录到的极端高低温并不完全一样，如果野生铁皮石斛植株生长的小气候环境是半阴半阳的（因为有别的植物为之遮住部分阳光），也许极端高温达不到40℃，但如果是阳光能直射到的生境，也许极端高温会超过40℃。因此，从野生铁皮石斛分布区域的极端高温和极端低温来推测，铁皮石斛生存温度为-20~40℃，然而在接近-20℃的低温或40℃的高温条件下，铁皮石斛能生存在多长的时间，目前尚不清楚。

秦岭淮河以南地域广阔，且多为山区或丘陵，温度差别很大，就极端高温和低温而言，如广东历史上极端最低温度也就-8℃左右，安徽霍山历史上最低温度却曾达到-24℃，而云南大部分地区四季如春。从理论上来说，生长在这些不同地域的铁皮石斛能够耐受的最高温度或最低温度可能不同，近年来的不完全观察结果也证实了这一点，目前，这个问题缺乏系统深入的研究，因此具体差异尚不清楚。

铁皮石斛能够生存下来，并不代表就能生长，生存温度与生长温度是不同的。与亚热带的其他植物一样，铁皮石斛一般只在温度10℃以上时才开始生长，温度超过35℃时生长趋缓甚至停止，其生长温度范围大概在10~35℃。

与所有的其他植物一样，铁皮石斛也有一个生长的最适温度范围，在最适温度下，铁皮石斛的生长最为迅速。尽管这方面的研究并不全面，但基本可以认为铁皮石斛的最适生长温度为20~30℃。

铁皮石斛是一种药用植物，其主要药效成分为次生代谢产物，如多糖和生物碱等，现有研究表明，温度对这些次生代谢产物的生物合成也会产生影响。有研究表明，20℃/10℃条件下生长的植株中的多糖含量明显高于30℃/20℃和40℃/30℃条件下生长的植株中的多糖含量。我们的研究表明，在广州种植的铁皮石斛植株冬天和翌年春天的多糖含量最高，显然，适当的低温有利于促进多糖的生物合成。

二、光照

目前，野生的铁皮石斛已不多见，从这些并不多见的野生铁皮石斛的生境来看，大致可分为两大类，一类是附生于树干（枝）上，一类直接或间接附生于岩石上。铁皮石斛附生的石头有属于石灰岩的，也有属于花岗岩的，还有属于丹霞地貌的。附生于树干（枝）、石灰岩和花岗岩上的铁皮石斛的小生境大多是半阴半阳的，因此铁皮石斛所接受的光多为散射光。生长于丹霞地貌环境中的野生铁皮石斛，有些所处的生境是全光照的，但生长于这种阳光可直射环境中的野生铁皮石斛一般要比其他生长环境中的石斛矮小。

铁皮石斛属于半阴生植物。尽管生长于丹霞地貌中的一些铁皮石斛的生境属于阳生环境，但这并不能推测生长于这种环境中的铁皮石斛属于阳生的，因为在这种条件下，铁皮石斛尽管也能生存，但这可能并不是它的最佳生长环境。研究发现，湖南崀山和广东平远县境内的野生铁皮石斛移植到半阴大棚中栽培，生长状态得到很大的改善，生物量增加了 10 倍以上。

三、水

从光合碳代谢途径来说，植物界存在还原戊糖磷酸途径（C3 途径）、C4 双羧酸途径（C4 途径）和景天酸代谢途径（CAM 途径）三大光合碳代谢途径。具有这些光合碳代谢途径的植物分别称为 C3 植物、C4 植物和 CAM 植物。其中具有景天酸代谢途径的植物的叶片一般较厚，具厚的角质层或肉质化，气孔白天关闭，夜晚张开。在夜间，CO_2 通过张开的气孔进行植物体内，供植物白天进行光合作用。CAM 植物气孔由于白天关闭，这样就避免了白天因蒸腾作用而导致植物体内水分的丧失，因此 CAM 植物具有很强的抗旱性，尤其在高温干燥环境中，植物体内外之间的蒸气压差很大时表现得更为明显。

铁皮石斛为兼性 CAM 植物，随着光照环境条件的变化，其光合作用在景天酸代谢途径 CAM 与还原戊糖磷酸途径（C3 途径）间变化。由于具有这一特性，因此，铁皮石斛是比较耐旱的一种植物，可生长于非常干旱的环境中。

四、其他

　　附生铁皮石斛的树干（枝）表皮基本上是比较粗糙的，并且生长着很多苔藓植物，铁皮石斛的大部分根紧贴树干（枝）表皮生长，并被苔藓地衣植物所覆盖，起着固定和支撑作用，部分根系也会裸露于空气中。附生铁皮石斛的石头上也会生长很多苔藓地衣等植物，一般是在比较阴凉的地方，铁皮石斛的根系大部分被苔藓等植物所覆盖。丹霞地貌上生长的铁皮石斛生境比上述条件更为恶劣。丹霞地貌上生长的植物一般较少，生长铁皮石斛的山坡往往是全光照裸露的，有些会有一点苔藓或地衣等植物，有些连苔藓也没有，根系直接扎于石头表面。总体说来，野生铁皮石斛的扎根之处，腐烂的有机质是很少的，有些即使有苔藓地衣等植物生长，但也不可能很厚，有些根裸露在空气中，因此野生铁皮石斛在整个生长过程中能够被利用的养分和水分都是非常少的。由于长期的进化适应，铁皮石斛演变出了极度耐旱、耐瘠薄的特性。

　　一般来说，模仿铁皮石斛的原生态条件进行种植，种植成活的可能性是很高的，但产量并不一定高。在进行铁皮石斛的人工种植时，一定要充分了解其生长习性，然后根据其生长习性设计科学合理的种植方案，营造比其野生环境更加适合其生长的环境，这样就容易获得高产。

第三章

铁皮石斛生产概况

第一节

铁皮石斛产业发展现状

　　我国铁皮石斛产业化始于 20 世纪 90 年代，近十年来发展迅速，目前已经初步形成了集科研、种苗生产、种植、加工、销售为一体的产业链。2012 年，全国年产组培苗约 4 亿株，产值近 4 亿元。全国铁皮石斛种植面积达 2 100 公顷，年产鲜条约 800 万千克，实现产值 50 亿元。铁皮石斛保健食品生产企业 30 家，产品 40 余种，产值近 10 亿元。浙江和云南是铁皮石斛产业起步较早的两个省，目前云南省铁皮石斛种植面积最大，而浙江省在产品深加工和销售领域占有绝对的优势。广东、广西、湖南、安徽、贵州等省的铁皮石斛产业也已具有一定规模。

　　浙江是目前我国铁皮石斛产业发展最为成熟、产业链最为完整的一个省。浙江省主要采用产供销一体化的集约化发展模式，龙头企业集种植、生产加工、销售于一体。根据浙江省中药材产业协会统计，到 2013 年，浙江省铁皮石斛种植基地总面积达 1 200 公顷，良种应用率约 65%。天皇药业和寿仙谷药业的铁皮石斛规范化种植基地已通过国家食品药品监督管理总局的 GAP 基地认证。全省铁皮石斛产业产值超过 30 亿元，超过 1 亿元的企业有 4 家。主要产品有铁皮石斛鲜品、铁皮枫斗、胶囊、片剂、口服液、饮料等，其中鲜品和铁皮枫斗的产值约占 45%。浙江有国家批准的铁皮石斛保健食品 45 种，占全国铁皮石斛保健食品总数的七成。浙江有天皇药业、寿仙谷药业、康恩贝药业、森宇药业、天目山药业、胡庆余堂等品牌企业，品牌化产品约占销售总量的 70%。从事铁皮石斛产业相关资源、技术、产品等研发的科研院所有 20 余家。

云南省主要为"农户 + 公司"的发展模式，即种植基地以农户栽培管理为主，由公司承担种苗和成品生产销售的模式。由于云南具有气候地理优势和土地、人工等成本优势，近年来铁皮石斛种植面积迅速扩大。据统计，2010 年云南省铁皮石斛种植面积 300~400 公顷，2012 年则发展到约 1 000 公顷，并仍以每年 40%~50% 的速度增长。云南铁皮石斛种植主要分布在滇东南、滇南和滇西南的文山、红河、普洱、西双版纳、德宏、保山、临沧等地。2013 年文山州铁皮石斛种植基地总面积达到 372 公顷，比 2012 年的 200 公顷增长了 86%。全州共有铁皮石斛种植公司（合作社）近 20 家，组培苗生产企业 10 家，种植户 819 户。德宏州芒市有"中国石斛之乡"的称号。

广东省的铁皮石斛种植主要分布在广州从化、潮州、清远和韶关等地。到 2013 年，韶关市在始兴、仁化、新丰已有 5 个较大规模的铁皮石斛生产基地。仁化县通过"公司 + 基地 + 农户"模式，形成地方特色产业。始兴县已初步建立起种植面积达 66.7 公顷的铁皮石斛产业链，并规划在 3~4 年内将种植规模扩大到 266.7 公顷左右。潮州市饶平县也是广东省开展铁皮石斛人工试验种植较早的地区之一，永生源生物科技有限公司和光宇生物科技有限公司已建成铁皮石斛基地 86.7 公顷，大棚集约种植和仿野生种植面积近 10 公顷。广东铁皮石斛具有一定的产业规模，并已形成种植和加工体系，主要产品包括铁皮石斛鲜品、铁皮枫斗、铁皮石斛花茶、铁皮石斛破壁粉等。

湖南的铁皮石斛产业化研发始于 1992 年，2008 年种苗及药用原料开始规模化生产。目前，石龙山铁皮石斛基地有限公司已建立起野生种质资源库和抚育基地、年产 2 000 万株种苗的快繁工厂和占地 33.33 公顷的 GAP 种植基地。2012 年，全省约有 200 户农户从事铁皮石斛仿野生种植，种植面积约 6.67 公顷，从事铁皮石斛相关药品和保健食品开发生产的科研院所和制药企业 3 家。

贵州黔西南和荔波等地的喀斯特山区和森林曾是我国野生药用石斛的重要原产地，具有非常适宜铁皮石斛生长的气候条件。但是由于常年的滥采乱挖，资源破坏严重，铁皮石斛野生资源已处于极度濒危状态。目前，荔波等地已有铁皮石斛人工种植，2012年荔波县铁皮石斛种植面积达3.07公顷。贵州中经林农业科技发展有限公司在独山县建有铁皮石斛种植基地，并已启动铁皮石斛深加工项目。贵州威门药业的子公司贵州兴黔科技发展有限公司已启动"下坝乡铁皮石斛及头花蓼种植项目"，项目将建成33.33公顷铁皮石斛的种植基地。

第二节

铁皮石斛产业亟待解决的主要问题

一、基础研究相对薄弱

铁皮石斛产业由无到有仅用了 20 多年的时间，最近 10 年得到迅猛发展，快速发展使得企业注重经济效益而忽略基础研究。虽然研究结果表明铁皮石斛具有一定的提高机体免疫力、抗氧化、降血糖方面的作用，但相关作用的物质基础及作用机制研究几乎空白。药效物质基础研究欠缺，质量控制指标就不能确定，最终导致质控标准不完善，2010 年版以后的《药典》虽将铁皮石斛单独列出，但仅将多糖含量及甘露糖含量作为铁皮石斛质量控制指标，铁皮石斛近似种齿瓣石斛、兜唇石斛等与铁皮石斛多糖含量近似，甚至要高于铁皮石斛，所以该指标并不能全面反映铁皮石斛的质量，还有待完善。对不同采收期铁皮石斛研究发现，多糖含量为 25.9%~40.1%，甘露糖含量为 14.8%~32.6%，虽然多糖含量达到药典标准，但质量存在明显差异，说明不同种植期、不同采收期对化学成分、药效存在显著影响，但相关研究几乎空白。由此可见，铁皮石斛的基础研究还非常薄弱，有待进一步深入。

二、产品单一，产业链短

目前市场上的铁皮石斛产品主要为铁皮石斛鲜条和铁皮枫斗等初加工产品。除浙江省深加工产品比例较大外，其他各省深加工产品均较少，技术含量低。铁皮石斛产业链短，产品附加值低。目前，市场销售铁皮石斛产品大多是鲜品、枫斗，少部分为提取物、口服液、复方制剂等深加工产品，甚至还存在未获得批准文号的石斛酒、冲剂等粗制品。2017 年 5 月 23 日以"铁皮石斛"为关键词查询国家食品药品监督管理总局批准国产保健食品共 79 种，均为提高机体免疫力品种，而且大多添加西洋参、人参皂苷、红景天提取物等，无单一铁皮石斛制剂。究其原因，一方面是为了降低成本，另一方面可能是铁皮石斛粗粉或其提取物单一食用，不能达到很好的提高机体免疫力的作用，不得不添加其他成分，以增强疗效。获批铁皮石斛制剂受原料价格影响，即使产品附加值低，价格同样昂贵，很难与高端保健食品竞争。另外，产品工艺粗糙，仿制现象普遍，市场上以假乱真、以次充好现象严重。产品寿命短，严重影响产业的持续健康发展。

三、种源混杂，产品质量难以保证

目前市场上的铁皮石斛品种繁多，种源混杂，种苗质量良莠不齐。组织培养频繁继代也会导致铁皮石斛种质退化。在"公司＋农户"的生产模式下，没有统一的栽培生产标准，栽培管理粗放，再加上不合理的使用化肥和农药，使得产品质量没有安全保障。有些企业和农户不重视采收年龄和季节，为了追求利益提早采收导致产品质量不稳定。这一系列产业中的混乱状态，最终造成铁皮石斛产品质量参差不齐。而目前并没有科学有效的检测铁皮石斛质量的标准和手段，有效成分、重金属及农残含量没有明确指标，使得市场上的铁皮石斛产品的质量难以保证。

四、伪品冲击

铁皮石斛与多种同属植物如齿瓣石斛、细茎石斛、梳唇石斛、美花石斛等种，在形态上并没有显著差别，尤其是加工成枫斗后，从外观形态上更加难以区别。虽然铁皮石斛已在《药典》（2010 年版）中单独列出，但是市场上仍存在将铁皮石斛近似种冒充铁皮石斛出售的现象，伪品的冲击严重影响了铁皮石斛产业的健康有序发展。

五、销售市场狭窄，产业急速扩张

目前，铁皮石斛产品的销售市场主要集中在上海、浙江、广东和北京等经济发达地区。虽然云南等地种植面积大，产量高，但是本地市场并未拓展开。前几年铁皮石斛产品价格居高不下，使得产业发展迅速，产业规模急速扩张，远远超过了市场需求增长的速度，由此带来了近几年铁皮石斛产品的过剩和价格下降，严重影响了整个产业的可持续发展。

六、无品牌效应，质量难保障

经过 10 多年的市场培育，云南、广东、浙江等省份已初步形成了集科研、种植、加工、销售为一体的铁皮石斛产业。但是，铁皮石斛产业规模不大，在全国影响力不够，产品质量参差不齐，保健品地位也不高。以云南省企业为例，铁皮石斛种植基地绝大多数是由浙江、上海、广东等地投资商携带种苗及技术建设，由于云南当地消费市场不成熟，销量很少，铁皮石斛通过各种渠道绝大部分进入了浙江、广东等沿海市场，没能形成一个具有较大影响力的品牌。没有品牌差异，供应商便失去了维护品牌形象的动力，极易造成行业内鱼龙混杂的局面。一旦有负面事件爆发，即便是优质铁皮石斛的生产商也难逃厄运，造成另一个普洱茶的厄运。

随着产业的急剧扩张，各企业采用组织培养进行快速繁殖，频繁继代，容易导致体细胞无性系变异，从而使保存的原始种质丢失，即使同一品种也存在株间变异，最终导致铁皮石斛种质快速下降，企业平均每 3 年就要更换种源重新扩繁，在栽培过程中，企业每 5 年需要"翻兜"（更换种苗）重新栽培。沿海投资商在各省纷纷成立种植基地，组培苗与当地品种混杂，种源品质难以保障，给铁皮石斛质量监管带来很大困难。

第三节

铁皮石斛产业发展方向

一、加强产品研发的深度和广度

基于目前铁皮石斛产业链短、产品附加值低的现状，企业应加强与科研单位的合作，深入研发铁皮石斛系列产品，如胶囊、冲剂、片剂、口服液等，增加产品附加值，提高企业效益。同时，应针对不同地区、不同年龄段及健康状况的消费群体开发相应的产品，使铁皮石斛产品更加多元化，从而使销售市场得到拓展，企业竞争力得以提升。

二、建立健全栽培管理和产品质量标准体系

目前，铁皮石斛产品质量标准缺失，市场上以次充好、以假乱真的现象突出。为了保证产品质量，防止恶性竞争，促进产业健康发展，建立铁皮石斛质量控制标准势在必行。而建立质控标准，则应加强基础研究，明确铁皮石斛的药效物质和作用机制，加强对多糖以外的活性成分的研究，寻找既能区别伪品又能衡量铁皮石斛质量优劣的有效方法。铁皮石斛质量参差不齐很大程度上是由于生产管理体系的混乱造成的，应从基质、水肥、病虫害控制等方面制定一套规范化技术标准体系，从而保证产品质量稳定。

三、加强种源繁育研究，保持种源稳定性

种源稳定是产品质量稳定的基础，如果目前铁皮石斛种源混乱的问题得不到解决，即使在后续的栽培管理等方面做出多大的努力，都

无法保证产品质量的稳定。科研单位和企业应加强良种选育研究，并应保持品种与品种间的相对隔离，防止品种间杂交和种源混杂。

四、加强政府引导，建立产业联盟

目前铁皮石斛产业急速扩张，已出现产品过剩和价格下降的现象。为了产业的可持续发展，政府应起到引导作用，及时向企业发布供求信息和预警信号，防止产业盲目无序发展。另外，还应大力扶持一批龙头企业，创建名牌产品；组织科研单位和企业建立产业联盟，使铁皮石斛产业链的研发、生产、加工、销售等各个环节紧密结合，全局统筹，促进产业健康、可持续发展。

第四章

铁皮石斛优良品种

铁皮石斛为兰科多年生附生草本植物。铁皮石斛原植物多生于海拔1 600米左右的山地，附生于半阴湿的岩石上或者表面粗糙的原始林木上。喜温暖湿润气候和半阴半阳的环境，不耐寒，一般只能耐 -5℃的低温。石斛可分为黄草、金钗、马鞭等数十种，以茎入药，中药名石斛，属补益药中的补阴药。铁皮石斛为石斛之极品，它因表皮呈铁绿色而得名。铁皮石斛具有独特的药用价值，《神农本草经》记载，铁皮石斛"主伤中、除痹、下气、补五脏虚劳羸瘦、强阴、久服厚肠胃"。道家医学经典《道藏》将铁皮石斛列为"中华九大仙草"之首。《本草纲目》中评价铁皮石斛"强阴益精，厚肠胃，补内绝不足，平胃气，长肌肉，益智除惊，轻身延年"。民间称其为"救命仙草"。2010年版的《中华人民共和国药典》已将铁皮石斛从石斛里分出，单独列为一味中药，具有"益胃生津，滋阴清热"的功效。铁皮石斛等少数品种的成熟茎条，经加工扭成螺旋状或弹簧状，晒干，商品称为耳环石斛，又名枫斗。野生铁皮石斛的自然繁殖能力低、生长缓慢，目前已禁止采摘。虽然铁皮石斛的药用功能居石斛之首，但目前市场上流通的铁皮石斛基本都是人工栽培品种。

第一节

铁皮石斛的民间种类

　　铁皮石斛广泛分布于我国安徽西南部、浙江东部、福建西部、广西西北部、四川、云南东南部等地，由于地域和气候等差异，野生的铁皮石斛会演化出不同居群或生态类型。长期以来，药农根据它们的植株形态、加工特性、口感等分成不同的类别，常听到的有软脚品种和硬脚品种，青秆品种、红秆品种和紫秆品种，等等。

　　软脚铁皮石斛的主要特点是：茎大多柔软，味甘，纤维少，胶质多，渣子少，非常黏牙，容易折断，能够被烘软，容易加工成枫斗，鲜药材价格昂贵。硬脚铁皮石斛的主要特点为：茎较长，质硬，纤维多，胶质少，渣子多，不太黏牙，不易折断，不能被烘软，不容易加工成枫斗，鲜药材价格便宜。

　　另外，根据茎表面的紫色斑点分布情况不同来分类，有些种类茎上紫色斑点较多，密度大，颜色呈紫红色，因此叫红秆铁皮石斛；而有些种类茎上紫色斑点少，密度不大，颜色浅，称为青秆铁皮石斛。业内普遍认为，红秆铁皮石斛品质优于青秆铁皮石斛。

第二节

铁皮石斛优良品种

20 世纪 90 年代，铁皮石斛人工栽培技术率先在浙江展开，经过各地近 20 年的探索，目前该技术已经成熟，并逐步在浙江、云南、广东、广西、贵州、湖南、湖北等地得到产业化应用。随着人工栽培技术的进步，铁皮石斛新品种选育工作也取得了较快的发展，目前，全国各地通过审定或登记的品种已达 10 多个。现将主要品种简介如下：

一、森山 1 号

由浙江森宇实业有限公司于 1999 年从云南铁皮石斛产区采集并经多年驯化，2002 年定型，2009 年通过浙江省非主要农作物品种认定。该品种植株性状优，产量较高，多糖含量 21.63%，适应性强。

二、天斛 1 号

由杭州天目永安集团有限公司从浙江临安天目山上采集的野生种经组培快繁驯化而成，2006 年通过浙江省农作物品种审定。该品种茎秆青灰色，叶纸质，呈矩圆状披针形，边缘和中脉淡紫色，叶鞘具紫斑，黑节明显；花苞片干膜质，淡黄绿色，花被片黄绿色，唇盘具紫红色斑点。种植 20 个月平均亩产鲜品 800 千克，干品率 15.5%，干品多糖含量 15.6%。该品种具有综合性状优异、抗病性强、耐寒性好、品质佳等优点。

三、仙斛 1 号

由浙江金华寿仙谷药业公司与浙江省农业科学院园艺研究所选育，2008 年通过浙江省品种认定。该品种年亩产量比云南软脚铁皮石斛高 37%，多糖含量高达 47.1%，比云南软脚铁皮石斛高 1.17 倍，对叶斑病及灰霉病具有明显抗性，能在 -5~36℃ 的自然温度下正常生长，耐温性明显。

四、仙斛 2 号

由浙江金华寿仙谷药业公司选育，2011 年通过浙江省品种认定。该品种植株高 30~50 厘米，茎丛生，青色，表面有紫色斑点，直径 0.6~1 厘米，节间腰鼓形，长 1.5~2.5 厘米，叶鞘不完全包被，具有紫斑及长约 0.3 毫米的明显黑节，开 3~5 朵石斛花，花被片黄绿色，多糖含量达 58%。

五、红鑫 1 号

由云南省红河群鑫石斛种植有限公司和云南农业大学选育，2008 年获得云南省品种登记。该品种田间表现性状整齐一致，遗传稳定，高产、优质，对炭疽病与黑斑病具有抗性，平均亩产 500 余千克，多糖含量 30% 以上。

六、普洱铁皮 1 号和普洱铁皮 2 号

由云南省普洱市民族传统医药研究所培育，2012 年获得云南省品种登记。这两个品种具有速生、丰产、优质、抗病虫害能力强等优点。

七、皖斛 1 号和皖斛 2 号

由安徽省新津铁皮石斛开发有限公司和安徽农业大学生命科学学院选育，2011 年通过安徽省非主要农作物品种认定。

八、桂斛 1 号

由广西农业科学院生物技术研究所与广西植物组培苗有限公司从广西西林县那佐苗族乡铁皮石斛野生种子实生苗后代群体中经过多年筛选优良单株，并结合生物技术培育而成，2012 年通过广西壮族自治区农作物品种审定。该品种茎中上部节间常形成黑节，剥开叶鞘，茎壁上具有紫红色斑点（块），似铁锈。叶互生，2 列，叶片长椭圆形，叶及叶鞘带有紫红色斑点（块），叶鞘上伴有 7~8 条线状纹，幼苗时期呈现血丝状。花苞片干膜质，萼片和花瓣淡黄绿色，披针形，唇瓣明显散裂，唇盘具紫色斑块，药帽黄色，长卵状三角形。生鲜样多糖含量 28.0%~35.9%。第一次采收平均亩产 182.8 千克，第二次采收平均亩产 300.8 千克，第三次采收平均亩产 324.0 千克。

九、中科 1 号

由中国科学院华南植物园和广州宝健源农业科技有限公司 2001 年从云南广南引进的铁皮石斛经多代自交选育而成，2011 年通过广东省农作物品种审定。该品种丛生，茎多节，不分枝；叶片互生，矩圆状披针形；总状花序，萼片与花瓣淡黄色，唇瓣黄白色。干茎多糖含量约 30%。产量较高，耐热性和抗病性较强。试管苗种植一年半左右采收，平均亩产约 1 000 千克。

十、川科斛 1 号

由中国科学院成都生物研究所从来源于四川夹江人工栽培群体通过系统选育而成，2010 年通过四川省农作物品种审定。该品种茎直立，圆柱形，不分枝，具多节；叶革质，2 列，线形或狭长圆形，基部具鞘，叶鞘紧抱于茎。植株茎长平均 53.3 厘米，茎粗平均 0.5 厘米，单茎鲜重平均 7.8 克。植株分蘖力较强，生长旺盛，群体整齐性、一致性好，抗病性较强。平均亩产 901.4 千克。

十一、双晖 1 号

由深圳市华盛实业股份有限公司、深圳市双晖农业科技有限公司从雁荡山铁皮石斛与广南铁皮石斛的杂交后代选育而成，2013 年通过广东省农作物品种审定。该品种生长势强，茎圆柱形、多节，不分枝，两年生植株平均茎粗 0.8 厘米，株高可达 50 厘米。叶片呈纺锤形，平滑，较厚，有光泽，平均叶长 6.0 厘米、宽 2.0 厘米，萼片与花瓣淡黄绿色，唇瓣有紫红色斑块，蕊柱上有紫红色条纹，蕊柱腔两侧有 2 个紫红色斑点，药帽白色。经检测，多糖含量为 32.69%，甘露糖含量为 19.2%，多点种植表现抗病性、抗逆性较强。生长两年的植株每年平均亩产 560 千克，比对照种雁荡山瑞和堂铁皮石斛增产 16.7%。

十二、中科从都 2 号

由中国科学院华南植物园、广东从都园生物科技有限公司从湖南道县采集的野生铁皮石斛经四代自交选育而成，2015 年通过广东省农作物品种审定。该品种植株丛生，茎圆柱形、多节，不分枝，两年生植株平均茎长 34.3 厘米，茎粗 0.6 厘米；干茎多糖含量 42.4%，甘露糖含量 29.4%，甘露糖与葡萄糖峰面积比为 2.6，醇溶浸出物 13.0%。在广州地区种植，盛花期 4—5 月。种植表现抗病性较强。试管苗在设施条件下种植 1 年半左右，平均亩产鲜茎 408.00 千克。

十三、粤斛 1 号

由广东省农业科学院作物研究所从浙江雁荡山引进一批铁皮石斛驯化苗（自编号为 NYT91）中经多代筛选、纯化选育而成，未通过品种审定和登记［根据目前国家规定，非主要农作物（药用植物）品种无须审定或登记］。该品种茎丛生，圆柱形、多节，不分枝，两年生植株茎粗可达 0.7 厘米，长可达 70 厘米以上，基部下延为抱茎的鞘，叶鞘为绿色，具有明显铁锈状斑点。叶绿色，互生，矩圆状披针形，先

端钝，长4~5厘米，宽2~3厘米。总状花序侧生于老茎上部节上，花最大宽幅5厘米左右，萼片与花瓣黄绿色，唇瓣中上部有一个边缘不规则的紫红色斑块，蕊柱上有明显紫红色条纹，蕊柱腔两侧有2个紫红色斑点，药帽白色，花药2粒。在广州地区种植，试管苗种植一年半左右后，植株茎长可达70厘米，茎粗可达0.7厘米，平均亩产450~600千克，干茎平均多糖含量37.4%。

第五章
铁皮石斛优质种苗扩繁技术

第一节

无菌播种技术

铁皮石斛是一种对生长环境要求苛刻、生长缓慢、自身繁殖能力很低的兰科附生植物,在自然条件下,开花甚多,结果极少,从开花授粉至蒴果成熟约需 6 个月。由于其种子内只含未成熟的胚,不含胚乳,成熟蒴果裂开,飘落的细小种子需与某些真菌共生才能萌发,因而自然繁殖十分困难。而传统的分株、扦插等方式不仅植株生长不一致,繁殖效率还十分低下。因此,采用植物组织培养技术快速繁育种苗是目前铁皮石斛工厂化育苗的主要途径之一。

目前,铁皮石斛组培所用外植体主要有种子和茎段,而其中又以用种子作为外植体的无菌播种技术最为成熟有效。该技术以人工授粉获得的蒴果为外植体,通过种子→原球茎→原球茎增殖和分化→壮苗生根→完整植株的途径进行种苗繁育,其繁殖速度是丛芽增殖方式的数十倍,具有出苗时间短、出苗量大、生产成本低、繁殖效率高等优势,因此,在生产中广泛应用。

一、材料

将铁皮石斛野生植株引种于种质资源圃内,通过生长量、品质、抗性等农艺性状的综合鉴定分析,筛选优良株系,待开花后进行人工授粉并挂牌标记,取优良蒴果作为无菌播种扩繁的种子材料。

二、方法

（一）培养基与培养条件

培养基组成为基本培养基：MS 或 1/2MS；植物生长调节剂：6-BA、NAA；外源添加物：马铃薯汁（马铃薯去皮切块，加水煮烂，双层纱布过滤，取滤汁），香蕉汁（去皮榨汁），红薯汁（去皮榨汁），甘蔗汁（榨汁），玉米粉和麦麸粉等；附加：20~30 克 / 升蔗糖，1.0 克 / 升活性炭，6.0 克 / 升琼脂粉。pH 为 5.8。

培养基配制分装后，于 121℃、105 帕下灭菌 20 分钟，冷却后接入植物材料，在温度（25±2）℃、光照强度 1 500 勒、光照时间 8~12 小时 / 天的条件下培养。

不同阶段培养基配方选择如下：

萌发培养基：1/2MS+NAA 0.2 毫克 / 升 + 马铃薯汁 100 克 / 升 + 蔗糖 25 克 / 升，萌发率为 85%~95.4%。

原球茎增殖培养基：MS+6-BA 1.5 毫克 / 升 +NAA 0.1 毫克 / 升 + 香蕉汁 100 克 / 升 + 活性炭 1.0 克 / 升，繁殖系数约为 20 倍 /50 天。

原球茎分化培养基：MS+6-BA 1.0 毫克 / 升 +NAA 0.1 毫克 / 升 + 马铃薯汁 200 克 / 升 + 活性炭 1.0 克 / 升。

壮苗培养基：MS+6-BA 0.5 毫克 / 升 +NAA 0.2 毫克 / 升 + 香蕉汁 100 克 / 升 + 活性炭 1.0 克 / 升。

生根培养基：1/2 MS+NAA 0.2 毫克 / 升 + 香蕉汁 100 克 / 升 + 蔗糖汁 25 克 / 升 + 活性炭 0.5 克 / 升，培养 50~70 天后，生根率 100%。

（二）种子的灭菌消毒

采摘人工授粉后生长 150~180 天的尚未开裂的蒴果，用自来水洗去表面灰尘，并用比较柔软的牙刷蘸洗洁精刷去表面的脏物，晾干后移至超净工作台内进行无菌操作。先放入体积分数 75% 的酒精中浸泡

30 秒后，转入质量分数为 0.1% 升汞（$HgCl_2$）溶液中消毒 8~10 分钟，期间不断摇动。最后用无菌水漂洗 5 遍，放在无菌滤纸上吸干果实表面水分，用灭菌手术剪将蒴果顶端剪一小口，再用灭菌镊子夹取蒴果，将细小的种子轻轻均匀地抖入萌发培养基的表面。

（三）种子的萌发

铁皮石斛种子在诱导萌发培养基上培养 20 天左右即可观察到种子吸胀变大，由淡黄色变成绿色，30~50 天时变为绿色小球体状，即原球茎。

（四）原球茎的继代增殖及分化培养

种子萌发获得的原球茎可转接到增殖培养基中进行继代增殖培养，亦可转移到分化培养基进行分化培养，发出绿色的芽尖，逐步长成芽苗。

（五）壮苗培养

在工厂化育苗过程中，为了提高瓶苗质量和移栽成活率，由原球茎分化获得的芽苗通常需再经过一代壮苗培养，更有利于生根培养和移栽。壮苗培养时，挑选高 2 厘米以上的小苗，2~4 株为一丛接种于壮苗培养基中。45 天后，待苗高长到 3 厘米以上、茎秆粗壮、叶片平展厚实、叶色深绿时，便可用于生根培养。

（六）生根培养

将经过壮苗培养的健壮丛芽分离成单芽，转移到生根培养基中培养，50~70 天后，生根率可达 100%，即可进入组培苗的驯化培养。

（七）驯化移栽

根系长好的瓶苗出瓶前，可将试管苗转移到温室大棚内炼苗

15~20 天，然后打开瓶盖，将生长健壮的试管苗从瓶中取出，小心地将根部附着的培养基洗净，摊开，晾干植株表面水分便可直接种植或移入穴盘驯化。

播种　　　　　　　增殖　　　　　　　　　壮苗生根

无菌播种

1. 瓶苗种植

以 2~5 个单株聚集成一丛，以 12 厘米×10 厘米的株行距均匀地移栽到种植基质中，移栽后保持温度为 22~28℃、湿度为 75%~80%，成活率可达 90%~95%。

2. 穴盘驯化

以 2~5 个单株聚集成一丛，以适量水苔包裹移栽到塑料穴盘中，保持温度为 22~28℃、湿度为 75%~80%，驯化培养 3 个月左右，即成驯化苗。穴盘驯化苗适应能力更强，不仅适用

穴盘驯化苗

于设施仿野生栽培，亦可用于林下原生态、活树或岩石附生等野外仿野生栽培。

第二节

茎段组培技术

在植物组织培养中，外植体的选择是十分关键的因素，选择不同的外植体培养的结果也不一样。目前，铁皮石斛外植体材料选用最为广泛的是种子和茎段。以种子作为外植体，具有操作简单、增殖系数高、分化能力较强等优点，但也存在后代性状不稳定、易变异、无法预计后代性状是否优良等不足。而采用茎段作为外植体，则在已知母本材料遗传特性的前提下，能较好地保持母本的生物学性状和经济性状，且诱导时间短，发生过程简单，当然，也有增值系数低、苗存活率较低等缺陷。

一、材料与消毒

选择生长旺盛、无病害的铁皮石斛健康植株，剪取当年生茎条，剥去节上叶片，用刀片切取长为 3~5 厘米的带节茎段；用消毒水冲洗干净，吸干茎条上的水珠；在超净工作台上，先用 75% 酒精浸泡消毒 1 分钟，无菌水冲洗 3 次，再用 0.1% 升汞消毒 10 分钟，无菌水清洗 3 次，置于无菌滤纸上晾干待用。

二、方法

（一）诱导出芽

每次用镊子夹取消毒好的一节茎段，切除两边顶端，将茎段斜插

于诱导培养基中，培养基配方为 1/2 MS+6-BA 1.0 毫克 / 升 +NAA 0.3
毫克 / 升 +10% 马铃薯 +30% 蔗糖，放置在温度为 25℃、光照强度为
2 000 勒、光照时间每天为 12 小时的培养室内诱导出芽。培养 40 天后，
节间开始萌发侧芽，培养 60 天后，侧芽能长高到 1~2 厘米。

（二）侧芽培养

将培养 60 天后的侧芽挖切下来，接种于 1/2 MS+NAA 0.3 毫克 /
升 +10% 马铃薯 +30% 蔗糖的培养基中，培养 60 天后，侧芽就可继续
长高到 4~5 厘米，并带有 4~5 个茎节。

（三）培养扩繁

将上述 4~5 厘米高的侧芽切掉顶芽和（或）根，成为新茎段，再
以平铺的方式接种于 1/2 MS+NAA 0.3 毫克 / 升 +10% 马铃薯 +30% 蔗
糖的培养基中，培养 30 天后，新茎段的每个节间都能萌发出 1~2 个新
芽，培养 90 天后，新芽可长成为 4~5 厘米高的芽苗。

（四）出苗

选择 3 厘米以上的新芽单独切下，以顶芽向上的方式直插接种于
1/2 MS+NAA 0.3 毫克 / 升 +10% 香蕉汁 + 活性炭 2 克 / 升 +30% 蔗糖

诱导侧芽生长　　　　　　　　　侧芽扩繁　　　侧芽生根

茎段组培

的培养基中，培养 30 天左右开始长根，培养 60 天后即可转移到光照较强的炼苗大棚进行驯化培养，90 天后即可长成为健壮小苗，经过出瓶、清洗后即可移栽到种植基质中，亦可继续用穴盘驯化培养。

第三节

扦插成苗技术

　　相对于组织培养技术，铁皮石斛的扦插育苗技术则较易掌握，既不需要无菌的操作环境，也不需要恒温、无菌的培养室，因此，育苗条件要求比较简单，育苗成活率一般可达95%以上，且种苗的遗传性状稳定，能正常保持母本的生物学性状和经济性状。常规的扦插繁殖一般选择在春、秋季进行，操作程序为：选择生长粗壮、无病虫为害、未开花的成龄鲜茎作为繁殖材料，以每段含2~3个有效腋芽为茎段，将茎段斜插入潮湿的基质内，每周淋1次水，培育60天后待茎段腋芽生根萌发后即可移栽。该技术的优点是能够保持母株优良性状，育苗成本低；不足之处是幼苗整齐度较差，生长势较弱，一次性成苗量偏少，不利于标准化、规模化育苗。

一、常规扦插育苗技术

（一）插穗选择与处理

　　宜选每年3—10月的阴天或清晨剪取插穗，插穗应选择品质优良、生长健壮、节间粗短、牙尖饱满且无病虫害的1~2年生枝条。实践证明，选用叶片刚掉光但尚未开花的短粗成熟枝条更易成活。剪取时，每节茎段应保留1~2个芽节，并于节下或叶柄下0.3~0.4厘米处平切，并保持切口平滑，创口要小，插条可带部分叶，长3~5厘米。

　　插穗用10%高锰酸钾溶液浸泡消毒10分钟，取出后用清水洗净；

再用 15% 的生根剂溶液浸蘸切口 1~2 秒，切忌浸到腋芽；最后将插穗放置于阴凉通风处摊开，10~15 天后逐渐见光，备用。

（二）苗床准备

宜选择通风背阳、排灌良好的地块搭建简易塑料薄膜大棚，内拉遮阳网，夏秋两季晴天遮光应在 70% 左右，冬春两季在 30%~50%。苗床基质宜选用疏松、透气、透水的新鲜竹木锯末或干海草。铺设苗床前，基质需用水浸泡发酵 15~30 天，捞起晾干后均匀平铺于平地上，厚约 30 厘米，均匀施洒 800~1 000 倍的斯美地或者必速灭消毒，并立即用塑料薄膜严密覆盖 12 天以上，消毒完成后揭开薄膜透气 2~3 天，即可铺设苗床。用红砖或木板隔成宽 1~1.2 米的苗床，长度依育苗量而定。将消毒后的基质铺入苗床内，适当压紧，上面铺一层 1.5 厘米厚的腐熟土。扦插时，芽眼朝上稍带斜度插入基质中，深度为插穗的 1/2~2/3，扦插密度为 600~800 株／米^2。

（三）苗期管理

插后立即浇水 1 次，以浇透为宜，并喷施 50% 多菌灵 800 倍液 1 次。日常可利用简易大棚两边薄膜的升降、遮阳网的开闭及淋水喷雾等措施来综合调节棚内温湿度，以保持棚内温度 20~25℃为宜。若气温超过 30℃，则要遮阴通风并喷水降温。扦插基质含水量宜保持在 55% 左右，空气相对湿度宜保持在 85% 左右。两周后，可用 5%~10% 的腐熟粪尿水进行喷雾追肥。待插穗生长 4~5 个月后，苗高达到 7~10 厘米时，即可进行移栽。如野外栽培，则需在棚内生长 7~9 个月，并适当炼苗后移栽。

二、催芽素＋暗环境茎段扦插繁殖技术

（一）材料

选择生长粗壮、无病虫为害且未开花的成龄鲜茎作为繁殖材料。

（二）方法

该技术采用催芽素（6-苄基腺嘌呤）浸泡＋暗环境催芽的方法。将采集的新鲜枝条去叶，洗净，置于 10~50 毫克／升的催芽素溶液中浸泡 30 分钟，取出晾干，置于暗环境下摆放 5 天，然后取出摆放于常温阴凉的室内，光照强度为 3 000~5 000 勒，忌阳光直射，隔 1~2 天喷洒水雾 1 次，以喷湿为宜，30 天后将发芽茎干逐芽切段，每段含 2~3 个有效腋芽，然后斜插入潮湿育苗基质内，每周淋 1 次水，60 天后待根茎叶长齐，即可移栽至穴盘中驯化成苗。

第六章

铁皮石斛仿野生栽培

第一节
设施仿野生栽培

一、环境要求

铁皮石斛对环境的要求比较严格，选择合适的环境是栽培成功的关键。铁皮石斛应选择在海拔 800~1 600 米、湿润冷凉的环境中种植，低海拔地区采用适当的保障设施亦可取得良好的种植成效。铁皮石斛的生长适温为 15~30℃，生长期以 16~21℃ 更为合适，夜间温度为 10~13℃，昼夜温差保持在 10~15℃，最佳无霜期 250~300 天，年降水量 1 000 毫米以上。幼苗在 10℃ 以下容易受冻，一般铁皮石斛在 5℃ 以下开始落叶。铁皮石斛栽培环境中空气相对湿度保持 80% 左右较适宜，忌干燥、积水，特别在新芽开始萌发至新根形成时需充足水分。以夏秋季遮光 70%、冬季遮光 30%~50% 为宜，光照过强茎部会膨大，呈黄色，叶片黄绿色，生长缓慢或停止生长。

二、种植设施

（一）保护设施

铁皮石斛由于对环境要求较高，需在设施环境中种植。种植大棚大体可以分为两种：简易竹木框架大棚和钢架大棚。一般露地长期种植，资金比较充裕的，宜搭建钢架大棚，使用寿命长，修缮率低。山地、林下、果园下等自然条件好的，可搭建简易竹木框架大棚，节约设施成本。棚内需保证通风良好，并设有内外遮阳网。塑料薄膜根据资金、保温、使用寿命，选择 12~15 丝的皆可。

（二）生产设施及栽培基质

1. 基质发酵与消毒

松树皮、刨花、锯末等基质原料需用水浸泡发酵 15~30 天，捞起晾干后，均匀平铺于平地上，厚约 30 厘米，均匀施洒稀释 800~1 000 倍的斯美地或者必速灭消毒，并立即用塑料薄膜严密覆盖 12 天以上，每 500 毫升斯美地或 500 克必速灭可消毒基质 2 米^3。消毒完成后，揭开薄膜透气 2~3 天后，即可铺设苗床。

2. 地栽苗床建设

棚内所需土壤充分在太阳下晾晒，并用辛硫磷、四聚乙醛（螺怕）等做杀虫处理，杀死在土壤中残留的害虫、虫卵、蜗牛及蛞蝓。在棚内用砖或石头砌成高 15~20 厘米、宽 1~1.7 米的苗床，长度视地形而定，上铺一层 5~10 厘米厚的碎石等透水性较好的材料，最后铺一层厚 5~10 厘米的发酵并用土壤杀菌剂消毒处理过的栽培基质（推荐松树皮、刨花、锯末体积比为 5：3：1），另可适当加入（亦可不加）5%~10% 的泥炭土或腐熟的落叶作补充栽培基质，苗床与苗床之间保留 40~50 厘米宽的通道，以便日常栽培操作时通行。

3. 床栽苗床建设

可根据资金情况搭建宽 1.2~1.7 米、高 80 厘米左右的竹制或木制、水泥砖架或钢架的苗床，苗床间配有 40~50 厘米宽的通道以便日常栽培操作时通行，也可搭建钢制活动苗床，床宽和高与固定苗床相似，但只需留一个通道，以增加棚内利用率。苗床基质同地

栽。推荐床栽，因为床栽比地栽透水性好，不易积水烂根，并能减少蜗牛、蛞蝓、地老虎等地下虫害的为害，有利于石斛的健康生长。

三、栽培技术

（一）苗床及日常管理

1. 定植

选择无病、健壮、大小均匀的苗进行定植，将处理好的驯化苗按每丛 3~5 株，株距 10~11 厘米、行距 12~13 厘米的规格（约 50 000 丛/亩）种植于基质上。定植时以基质完全覆盖根部为宜，栽种过深，基部的叶子容易腐烂引起病害，栽种过浅，根部生长暴露在空气中，不利于新根、新芽的生长。

2. 光照管理

移栽初期光照应控制在 1 000~13 000 勒为佳，遮光率在 70% 左右，此时幼苗还比较柔弱，根部吸水能力较差，光照太强易出现脱水或灼伤等情况。生长期光照应控制在 15 000 勒左右，夏秋两季晴天遮光应在 70% 左右，冬春两季在 50%~30%，可根据光照的强度实时调节。

3. 温度管理

驯化苗对温度的要求不像瓶苗那样严格，一般温度不低于 10℃，无霜、无雪的情况下都可以移栽，一般选择春、秋季定植为宜。铁皮石斛在 16~21℃、昼夜温差 10~15℃时茎的生长速度最快。

4. 湿度管理

空气相对湿度以 80% 为宜，基质要保持"间干间湿"，即浇水后基质要湿透，但保证当天基质可呈"干"的状态。浇水过量，基质总是处在潮湿状态或有积水，很容易烂根、死苗。若空气相对湿度太低，可采用叶片喷雾、地面洒水等形式补充水分。水的 pH 在 5 左右为好，不要超过 6.5，碱性强（pH>7.5）的水不利于植株生长，甚至会使生长恶化。温度 30℃ 以上的高温季节空气相对湿度应保持在 80% 左右，若干燥，必须每隔 1 个小时喷雾一次，每次 30 秒左右，以保持棚内空气相对湿度，并保持棚内通风良好。冬季温度低，应减少给水量，只要保持空气相对湿度在 60%~80% 即可，尽量在太阳升起时浇水，杜绝叶面带水或者基质内有积水过夜，以免产生冻害。

5. 施肥

合理施用有机肥，不仅可以提高产量，而且可增强品质，提高石斛多糖含量，且口感好。基肥宜选用颗粒状、较长时间不松散的农家有机肥，以保证基质通透，减少重金属累积，如农家羊粪（需经堆沤、发酵、日晒等处理）施在基质表面行间；自制液体有机肥用作叶面肥，结合浇水喷施。施肥原则应掌握不施浓肥，勤施薄施，根据不同生长时期调节施肥量和施肥次数。

移栽定植一周内不宜施肥，一周后，待慢慢有新根长出时即可酌情施肥。可施用 1~2 次氮、磷、钾配比为 10∶30∶20、浓度为 1 克 / 升的高磷钾肥，促其生根。春季或新芽初期，每周交替喷施一次氮、磷、钾配比为 30∶10∶10、浓度为 2 克 / 升高氮肥和一次氮、磷、钾配比为 1∶1∶1、浓度为 2 克 / 升的平衡肥，提高苗的生长速度。生长期，每周喷施一次氮、磷、钾配比为 1∶1∶1、浓度为 2 克 / 升的平衡肥。同时根据生长情况，若叶态黄，苗体弱，则补施氮、磷、钾配比为 30∶10∶10、浓度为 2 克 / 升的高氮肥；若叶态浓绿、茎秆细长，则补施氮、磷、钾配比为 15∶20∶25、浓度为 2 克 / 升的高磷钾肥。生长后期，氮、磷、钾配比为 1∶1∶1 的平衡肥和 15∶20∶25 的高磷钾肥交替使用，在采收前 2 个月停止施肥。也可配合使用农家肥上清液或者采用缓释肥代替喷施叶面肥。

6. 除草

因为温湿的环境，苗床基质上常会滋生杂草，直接与石斛竞争养分，必须随时除草。一般情况下，石斛种植后每年除草 2 次，第一次在 3 月中旬至 4 月上旬，第二次在 11 月间。除草时将长在石斛株间和周围的杂草及枯枝落叶除去。在夏季高温季节不宜除草，以免影响石斛的正常生长。

7. 修枝

每年春季发芽前或采收时，应剪去部分老枝和枯枝，以及生长过密的茎枝，以促进新芽生长。

8. 翻蔸

石斛栽种 3~4 年后，植株萌芽很多，老根死亡，基质腐烂，易被病菌侵染，使植株生长不良，故应根据生长情况进行翻蔸，除去枯朽老根，进行分株，另行栽植，以促进植株的生长，增产增收。推荐重新更换基质，栽种新的种苗。

（二）病虫害防治

铁皮石斛的主要病害有软腐病、茎腐病、炭疽病等，主要害虫有蜗牛、斜纹夜蛾、菲盾蚧、红蜘蛛等。铁皮石斛为珍贵药材，病虫害防治应尽可能以农业防治、物理防治和生物防治为主，原则是防重于治。必要时可选用安全低毒的农药进行药剂防治，如多菌灵、甲基托布津、代森锰锌、恶霉灵、世高、好靓、凯润、施保克、密达（四聚乙醛）、甲维盐、杜邦安打等。

第二节

林下原生态栽培

　　林下原生态栽培，是以自然生长的森林环境作为载体，利用其枝叶适当遮阴效果，形成有利于铁皮石斛生长环境的一种种植方法。栽培环境与活树附生原生态栽培模式要求一致，栽培基质、栽培方法、肥水管理、病虫害防治、采收等与设施栽培模式类似。这种栽培模式可在林下地面直接做苗床种植，亦可搭架盆栽或者床栽种植。要求既要有良好的保水性又要通风透气性好，规模化生产要求原料易得、操作方便。按 3~5 株 1丛，丛距 10 厘米 ×20 厘米，种植时间江南地区宜在 3—4 月栽培，迟至 5 月下旬，广西、广东、云南等地可在气温 10℃时开展种植。该模式要特别注意选择抗逆能力强、肥效利用率高的品种，并采用驯化苗。注意防冻，防止蜗牛与食草类动物的为害。

一、栽培基地的选择

　　栽培基地以选择水源清洁、植被茂盛、地表腐殖质丰富、温暖、通风、湿润、坡度在 40°~60° 的阳坡或半阳坡地为宜。

二、栽培基地的清理

将树林下的杂草、小型灌木等植被砍挖清理，保留乔木层植被，并对乔木植被的枝干做适当修剪，使栽培基地环境达到石斛最适光照强度，即控制遮光率在 70%~80%，控制光照强度在 3 000~5 000 勒。

三、木质基质的制作

将干燥树枝、树皮、树叶等粉碎成小块，加 50% 甲基托布津或 50% 多菌灵适量，搅拌混匀，然后用塑料膜封盖消毒处理 12 小时，掀盖备用。

四、栽培基质的铺设

根据山形地势，分区块因地制宜在山地表面铺设栽培苗床，苗床宽以 1.2~1.5 米为宜，苗床底层先铺设 3~5 厘米厚的碎石子，碎石子上再铺设制作好的木质基质，厚 3~5 厘米，再在木质基质层上面铺上厚 0.5~1 厘米的腐熟羊粪、鸡粪、蚕粪等作为有机基肥。

五、种苗的消毒处理

用 75% 百菌清 800~1 000 倍液或 50% 多菌灵 800~1 000 倍液加 72% 农用链霉素 2 000~2 500 倍液浸泡消毒 2 小时，晾干、备用。

六、种苗的移栽

种苗移栽季节以每年 2—3 月为佳，将消毒处理后的种苗移栽到铺设好的栽培基质上，挖穴栽培，盖上基质定植，也可将消毒处理后的种苗直接移栽到自然状态下富含腐殖质的山地表面，挖穴栽培，盖上腐殖质定植。定植密度以 3~5 株 1 丛，丛距 10 厘米×20 厘米为宜。

七、基地杀菌

用 80% 代森锰锌兑山泉水，按 600~800 倍稀释配制杀菌液，对基地表面及种苗进行喷雾杀菌处理，以表面湿透为止。

八、水肥管理

根据铁皮石斛不同生长阶段的生长需求和环境状况，用山泉水进行喷雾，及时补给水分。用山泉水按1:10或1:5比例稀释的专用沼液，定期喷施有机液肥。

九、虫害防治

采取生物防治技术，在铁皮石斛种植基地内间种美国红豆杉，利用红豆杉在光合作用下发出的香茅醛特殊气味分子，驱赶环境中的害虫，美国红豆杉的栽培密度为每平方米种植 1~2 棵。也可采用诱虫灯、糖醋诱虫饵料、黄色粘虫板等辅助措施诱杀害虫，防治害虫为害。

十、采收

种植 1.5~2 年后，枝条封顶不长时即可进行采收，采收季节以秋末至春初为宜。采收时，铁皮石斛茎段长度控制在 20 厘米以内。

第三节
岩石或活树附生栽培

一、活树附生栽培技术

活树附生栽培是以自然生长的树木作为载体，利用树木枝叶遮阴，将植株附生于树干、树枝、树杈上，仿照铁皮石斛自然生长环境的一种种植方法。病虫害防治、采收时间与方法同设施栽培模式。

（一）栽培环境与树种

要求温暖、湿润、通风、透气、透水的环境，其中温度为最主要的环境因素。自然遮阴度一般在70%~80%，光照一般为漫射光、散射光，光照强度为3 000~5 000勒。选择树干适中、水分较多、树冠较茂盛、表面粗糙利于铁皮石斛根系的附着、树皮不会自然掉皮、易管理的树种为铁皮石斛生长的优良附主，如樟树、核桃、杜英等树种，松树、杉树、荔枝树、龙眼树等也可。

（二）栽培时间与方法

江南地区宜在3—4月栽培，迟至5月下旬，广西、广东、云南等地可提早至气温10℃时栽培。栽培前，应将树的细枝、过密枝及附着于树枝的落叶、苔藓、地衣植物等清除，用疏枝等措施将透光度调整至25%~35%。栽培时，每丛驯化苗包裹适量的水苔，在树干上间隔35厘米种植一圈，每圈用无纺布或稻草自上而下呈螺旋状缠绕，在树干、树枝、树杈上按3~5株1丛，丛距8厘米左右，栽植二年生种苗。

捆绑时，只可绑其靠近茎基的根系，露出茎基，以利于发芽。利用枝叶适当遮阴，形成良好的生长环境。种植后每天喷雾 1~2 小时，保持树皮湿润，基本上不需要施肥用药。

（三）水肥管理

利用森林间的雾气、露水等基本能满足铁皮石斛的生长，在特别干燥的情况下，可以适当人工喷淋补水。根系生长之后，可用尼龙纱网包裹一小袋缓释复合肥悬挂于苗基部的上方，利用自然界的雨水冲刷作用为植株补充养分。

（四）注意事项

该种植模式要特别注意抗寒品种的选用。铁皮石斛在温度 25℃左右生长最好，温度过低时轻者冻伤，重者冻死，35℃以上一般停止生长。不同种质耐低温能力差异很大，广西、广东、云南种质通常 0℃以下就会遭受冻害，浙江种质可耐 -8℃ 的低温。同时要注意防止软体

动物为害。

依照这种原生态的栽培技术，在一棵直径 25 厘米的树上，一般可年采收新鲜石斛 2.5 千克左右。

二、岩石附生栽培技术

仿野生贴石种植是目前仿野生种植铁皮石斛的一种方式，需要根据种植基地石头的分布情况来选择。这种种植方式具有投入成本低、种植的石斛品质好、能充分利用林下资源等优点，但其产量不高，且管理难度较设施大棚大。

（一）场地选择

种植场地选择条件主要包括：海拔 300~1 000 米，相对湿度 70%~80%，遮阴度 55% 以上，树木不能过密，无阳光直射，水源符合相关饮用水标准，自然灾害少，温暖的石头分布山区。种植地附近有水库或溪流的环境更佳。

（二）附主选择

宜选择分布于林下的石头，避免太阳直射；以表面附有苔藓的石头为佳，以利于铁皮石斛根系附着。斜坡地面不能有碎石，以免工作时石头滚落伤人。

（三）种植前的准备工作

1. 场地整理

选定贴附的石头后，及时砍伐、清理附近的小灌木、杂草等，方便操作。种植区内的其他杂草、小灌木也要适当清理，以不影响工作活动、不遮挡喷灌雾气的飘散为原则，尽量不破坏原有的生态环境，同时彻底清理种植区内的枯木、枯枝，以免引发白蚁、地下害虫等虫害。

2. 材料准备

水苔、锤子、水泥钉或网线卡钉等。

（四）种苗的准备

选择种源生境、驯化生境与种植基地相似且驯化生长 1 年以上的铁皮石斛驯化苗。

（五）种植时间

华南地区以每年 3—5 月为宜，江南地区根据当地山区气温可以适当延迟。

（六）种植方法

1. 卡钉法

（1）选择健壮石斛驯化苗，每丛 5~8 株，用湿透的水苔包被石斛苗根部（根茎交接处以下部分）一面，把未包被水苔的一面根部贴于石面上，用钉子或卡钉打在水苔上，压紧石斛苗，亦可直接用水苔包被根部后把石斛苗塞到不积水的石缝里，以苗不掉落即可。

（2）种植丛行距为 20 厘米 × 20 厘米，不规则的石头可根据实际情况进行适当调整。

2. 石缝、石槽法

在阴湿林下生境，选择有腐殖质的石缝、石槽处，将分成小丛（5~8 株）的铁皮石斛驯化苗根部用湿润水苔或牛粪泥浆包住，塞入岩石缝或石槽内，塞时应力求稳固，以免掉落。如栽种种苗的地方有灰尘，应事先用水冲刷干净或用湿布擦抹干净，以提高成活率。

3. 石窝法

在阴湿林下生境，选择适宜石斛栽种的石面，四周用电钻或钢钎打小窝，分布密度约 20 厘米 × 20 厘米。种植前，准备好浸泡湿润的水苔，或者事先采好鲜牛粪，鲜牛粪、磷肥的比例为 30∶1；加水搅

拌均匀，湿度以手捏之手指缝中不留水为度。栽种时，将石斛种苗紧紧贴住小窝，一手抓水苔或备好的牛粪包裹或搭在石斛种苗茎的中下部，使种苗牢固地贴在石窝上，并让种苗的顶部和基部裸露在外。必要时也可用打窝时的石花均匀地将基部压实，以风吹不倒为度，将基部和根牢固地固定在石窝内即可。

4. 砾石法

选择阴湿的林下生境，用湿润水苔或配制好的牛粪将种苗根部包裹，立于砾石上，然后用石块压住种苗中下部，基部、顶部裸露在外，以风吹不倒为度。

第七章

铁皮石斛主要病虫害及其防治

大棚种植的铁皮石斛在生长期间容易发生的病害有炭疽病、茎腐病、疫病、软腐病、叶枯病、煤污病、黑斑病、叶锈病、病毒病等，其中，容易给生产造成较大损失的病害主要是炭疽病、茎腐病、软腐病。

为害铁皮石斛的害虫主要有蜗牛、地老虎、蚜虫、斜纹夜蛾等，主要为害幼芽或叶片表面，吸食汁液，咀食叶片，影响幼茎生长，传播病害。铁皮石斛为珍贵药材，病虫害防治应遵循"预防为主，综合防治"的原则，尽可能以农业防治、物理防治和生物防治为主，必要时辅以药剂防治。大棚的通风透光，残枝败叶的及时清理，基质的消毒，水分的严格控制，抗病品种的选择，防虫网、粘虫纸、诱虫灯的应用等农业与物理措施，在病虫防治中起着非常关键的作用。

第一节
主要病害及其防治

一、炭疽病

（一）为害特点

该病常在1—5月发生，但在珠江三角洲地区可常年发生，是由炭疽菌（*Colletotrichum* sp.）引起的一种叶部常见病害。初感染的病叶表面呈黑色针点状，以后逐渐扩大成黑色的圆形凹陷斑，或形成棱形至长条形病斑。发生在叶尖时，叶尖病斑下部成段枯死。有些叶片病斑周围呈黑色轮纹状，有些则病斑纵裂。后期病斑呈灰褐色至黑褐色，病斑着生褐色小点。严重时可感染至茎干或新发侧枝。

（二）防治方法

（1）选用抗病品种，并选用无病株移栽。

（2）小苗在定植前，可用 23.4% 瑞凡（双炔酰菌胺）2 000~3 000 倍液浸泡 1~2 小时，可有效防止小苗将病原菌带入定植苗床。

（3）合理密植，配方施肥，大棚适时通风，避免高温高湿，注意苗床不要过湿、积水，及时清除病叶及残体。

（4）发病初期可选用 70% 甲基托津 600~800 倍液、70% 代森锰锌 500 倍液、75% 百菌清 800 倍液、80% 炭疽福美 300~400 倍液、50% 卉友 5 000 倍液、10% 世高 800~1 500 倍液、25% 施保克 1 000~1 500 倍液、40% 灭病威 800 倍液喷雾防治，每隔 5~7 天 1 次，连续防治 2~3 次。

二、茎腐病

（一）为害特点

该病也叫枯萎病或茎基腐病，是由尖孢镰刀菌（*Fusarium oxysporum*）引起的一种维管束病害，多发生在夏、秋高温季节。幼苗或新发侧枝感染时，其下部叶片失绿发黄，有时植株一侧或个别叶片的一半受到侵染，则表现为一侧枝叶或叶片一半明显枯萎，且无光泽。随着病情扩展，上部植株叶片也开始萎蔫下垂、变褐，这时下部叶片则开始脱落、皱缩，最后全株黄化枯萎。植株刚表现出症状时，早晚正常，中午萎蔫，似缺水状。仔细观察植株基部茎干，可以看到表皮变得粗糙，间或有裂缝，湿度大时可见白色或粉红色霉状物，有些在茎基部还能看到水渍状病斑，逐渐变黑色，病斑干枯后使得植株茎基部缩缢。横切或纵切茎基部，均可见维管束有褐色或黑褐色的环变。镰刀菌以菌丝体或厚垣孢子在栽培基质中越冬，因此，被污染的基质是传播该病害的来源之一。

（二）防治方法

（1）选用抗病品种。

（2）定植前做好基质消毒，及时更换连续栽种3年以上的基质。

（3）小苗在定植前，可用2.5%适乐时（咯菌腈）2 000~3 000倍液浸泡1~2小时。

（4）药剂防治可选用50%卉友15 000~20 000倍液淋根，或50%卉绿5 000倍液、15%恶霉灵（土菌消）1 500倍液、30%爱诺好靓2 000倍液喷雾或淋施，每隔5~7天1次，连续防治3~5次。

三、软腐病

（一）为害特点

又名细菌性软腐病，通常在5—6月发生。病原为一种欧氏杆菌属（*Erwinia*）细菌。种植前小苗发病时，像冻伤水渍状斑点，下部变茶褐色，发出恶臭，具污白色黏液。发病轻的小苗种植后，展叶停止，芽和叶等幼嫩组织出现水渍状圆形或椭圆形病斑，逐渐发展呈深褐色腐烂，病处有菌液溢出，具恶臭。随着地下部分病害发展，地上新叶前端发黄，不久外侧叶片也发黄．地上部分容易拔起，最后病叶软腐下垂，全株枯黄，造成死苗。

（二）防治方法

（1）选择无病苗移栽。

（2）定植前小苗用 72% 农用链霉素 150~200 毫克 / 升混合药液浸泡 1~2 小时。

（3）剪枝用的刀具用 70% 的酒精、1% 硫酸铜或 0.5% 高锰酸钾溶液浸渍消毒后再用。

（4）加强苗床水分管理，避免基质过湿。

（5）药剂防治：发病初期，可选用 150~200 毫克 / 升的 72% 农用链霉素或链霉素加土霉素（10∶1）的混合液进行喷洒，连喷 2~3 次。发病后，每周用 72% 农用链霉素 600 倍液和 50% 扑海因 1 000 倍液混合喷洒，能控制病害蔓延。

第二节

主要害虫及其防治

一、蜗牛

（一）为害特点

蜗牛一年可多次发生，以雨季为害较重。虫体爬行于石斛植株表面，舔食石斛茎尖、嫩叶，舔磨成孔洞、缺口或将茎苗弄断。

（二）防治方法

用 6% 四聚乙醛颗粒剂、2% 灭旱螺颗粒剂或 8% 灭蜗灵颗粒剂撒于种植床上下，或用 80% 四聚乙醛可湿性粉剂或蜗牛敌配成含有效成分 2.5%~6% 的豆饼粉或玉米粉等毒饵，撒于种植床上下进行诱杀，1~2 天内不宜浇水。亦可采用人工捕捉的方法进行防治。

二、地老虎

（一）为害特点

该虫可常年发生，以春秋季节为害最重。多在傍晚和清晨食铁皮石斛的茎基部，造成石斛死亡。

（二）防治方法

1. 诱杀成虫

以糖 6 份、醋 3 份、白酒 1 份、水 10 份、90% 晶体敌百虫 1 份调配成糖醋液，在成虫发生期于苗床每隔一定距离设置一小碟进行诱杀。

2. 诱杀幼虫

可选用 90% 晶体敌百虫 0.5 千克或 50% 辛硫磷乳油 500 毫升，加水 2.5~5 升，喷在 50 千克碾碎炒香的棉籽饼、豆饼或麦麸上制成毒饵，在苗床每隔一定距离撒一小堆进行幼虫诱杀。

3. 化学防治

可用 20% 氰戊菊酯 3 000 倍液、40.7% 毒死蜱乳油 500 倍液、20% 菊·马乳油 3 000 倍液、10% 溴·马乳油 2 000 倍液、90% 晶体敌百虫 800 倍液或 50% 辛硫磷乳油 800 倍液喷雾预防，或者在清晨露水未干时采用人工捕捉的方法防治。

三、蚜虫

（一）为害特点

主要为害新芽和叶片，5—6 月为蚜虫猖獗为害期。它以刺吸式口器从茎叶中吸收大量汁液，使石斛苗营养恶化，生长停滞或延迟，严重的生长畸形，还可诱发煤烟病，传播多种植物病毒。

（二）防治方法

1. 消灭虫源

将温室清理干净，消灭越冬虫源。

2. 黄色粘虫板防治

将黄色粘虫板用竹（木）细棍支撑固定于苗床，棋盘式分布，每亩均匀

插挂 20 块，高度比植株稍高。当板上粘虫面积占板表面积的 60% 以上时更换，板上胶不黏时也要更换。

3. 药剂防治

可用 1.8% 阿维菌素（虫螨克）3 000~5 000 倍液、10% 吡虫啉可湿性粉剂 2 000 倍液、50% 抗蚜威可湿性粉剂 1 500~2 000 倍液、20% 灭扫利乳油 2 000 倍液、2.5% 天王星乳油 3 000 倍液、25% 乐·氰乳油 1 500 倍液、40% 乐果乳油 1 000 倍液或克蚜敏 600 倍液，每隔 5 天喷洒 1 次，连喷 3 次。

四、斜纹夜蛾

（一）为害特点

斜纹夜蛾是多种农作物、花卉、药材的重要害虫，每年 6 月中下旬开始为害，7—10 月进入为害高峰，8—9 月是为害盛期。被害石斛叶片轻则被吃成花叶残缺，重则只剩光秆，应密切注意，及时打药防治。

（二）防治方法

1. 成虫诱杀

没有设置防虫网或野外种植的可采用黑光灯或糖醋盆（糖 6 份、醋 3 份、白酒 1 份、水 10 份、90% 晶体敌百虫 1 份调匀）诱杀成虫，每 30~50 亩使用一盏诱虫灯，设置高度为距地面 1.5 米为宜。

2. 药剂防治

在幼虫初龄期及时喷药防治，可用 20% 虫无赦加 4.5% 高效氯氰菊酯 1 500~2 000 倍液或 5% 甲维盐 1 500~2 000 倍液均匀喷雾。

第八章

铁皮石斛的采收加工及其综合开发与利用

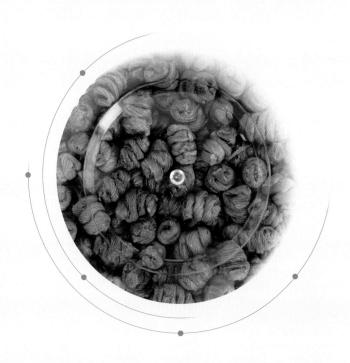

第一节

采收加工

一、采收

通常在秋末至春初进行采收。秋季石斛的新茎逐渐成熟，生长减慢，叶片发黄掉落，植株逐渐进入休眠期，此时即可进行采收。采收时用75%的酒精消毒剪刀，剪刀要快，剪口要平，以减少养分散失和有利于伤口愈合。特别注意茎基部要留下2~3个节，以利于植株越冬和来年新芽萌发时的养分供给。采收后的苗床要整体喷施杀菌剂，以减少病原。采收的枝条要摘除根、叶，清洗、晾干后，根据鲜条长短分类捆扎，以鲜条或加工成枫斗供应市场。

采收的鲜条

另外，可以选择盛花期（5月前后）集中采摘花，摘后洗净、晾干，以95℃左右烘干，密封阴凉处可长时间保存。鲜条采收时摘除的新鲜叶片，可用处理花的方法处理、保存。

二、加工

铁皮石斛一般粗加工成枫斗（铁皮枫斗）。鲜草晾干后，除去叶片及膜质叶，剪切成10厘米左右的茎段，置于微热的锅内或烤筛上（保持80℃左右）缓缓烘软，用手工搓揉使成螺旋形，其外卷裹牛皮纸，再入锅或筛内，降温至50℃左右烘烤定型。

枫斗加工

部分留有完整根须（龙头）和茎尖（凤尾）且长度适中的枫斗称为"龙头凤尾"，被认为是铁皮石斛中的极品。铁皮石斛鲜茎或者枫斗也可提供给有能力的企业进行深加工。

第二节

铁皮石斛的综合开发与利用

现行及以前的《中华人民共和国药典》仅规定铁皮石斛以茎入药，其叶、花和根既不属于药用部位，也不能作为普通食品使用，但其产量很大，与铁皮石斛药材量基本相等，造成了大量的资源浪费。其实，铁皮石斛在民间药用历史悠久，现在更是常以药膳形式出现在普通百姓家中，也常常以全草入药。但是，如果将铁皮石斛花、叶干燥制作保健茶，甚至将茎、叶、根混合开发药品或保健产品，又明显违反了有关法规。仅以某类成分为指标很难全面反映药材质量，而以不同类型成分的多指标含量变化来反映药材质量更为科学。因此，如何在安全性评价的基础上，进行深入的化学成分分析、功能性评价和质量标准制定等研究，为其他部位申报新资源食品或新的药用部位提供科学依据，不仅尤为迫切，而且具有重大和深远意义。在此基础上，深入开展茎以外的花、叶、根部位综合开发利用，使铁皮石斛产品更加丰富，可以满足不同消费人群的需求。

一、不同功能产品的开发

基于历代医家对铁皮石斛传统功效的论述，现代学者对铁皮石斛的药理作用展开了一系列研究，如前所述，其有增强免疫、抗疲劳、抗氧化（延缓衰老）、促消化、促进唾液分泌、降血糖、降血压、抗肝损伤、抗肿瘤、预防辐射性损伤、止咳化痰等药理作用。随着铁皮石斛功效和药理作用不断得到认可，以铁皮石斛为主要原料的不同功能产品也将逐步得到开发并进入市场。

2005 年版《药典》之前，铁皮石斛为石斛项下品种，而以石斛为原料的诸多中成药如石斛夜光丸、脉络宁注射液、清睛粉等均具有较好的市场和口碑。同时，以铁皮石斛为主要原料的保健食品也得到了消费者广泛认可，其中保健功能中以增强免疫和缓解体力疲劳两项为主，包括抗氧化（延缓衰老）、清咽（清咽利喉）、辅助降血压、对化学性肝损伤有辅助保护及对辐射危害有辅助保护功能等。结合铁皮石斛的传统功效及药理作用，其在辅助降血糖、促进消化功能两个方面尚未有对应的产品面世，可成为日后开发的新方向。同时，也可开发成上述功能以外的新功能保健食品或将铁皮石斛按照新资源食品要求进行研究，开发成新资源食品，制成如饮料等多种形式的食品。

二、不同药用部位的开发

关于石斛的药用部位具有一定的争议，早在南北朝时，陶弘景在《名医别录》中记载"七八月采茎，阴干"，之后的诸家本草均沿用该记载。而在《中药志》《中药材手册》及部分现代中药文献中却将石斛列为全草类中药材。民间药用和现代药膳也常以全草入药。目前，现行的 2015 年版《药典》仅规定铁皮石斛以茎入药，其叶、花和根既不属于药用部位，也不能作为普通食品使用，造成大量资源浪费。

由于植物在生长发育过程中各器官所起的作用不同，其生理代谢量也不同，从而使各器官中化学成分的代谢生成和积累存在着明显的差异。研究表明，茎中多糖含量是叶中的 3 倍，叶中黄酮碳苷的含量比茎高近 10 倍，黄酮碳苷类成分更趋向分布在光合作用强的叶，而多糖类成分更趋向分布在茎。深入研究表明，铁皮石斛茎与叶中多糖的单糖组成不同，叶中多糖是一种酸性杂多糖，主要由 3 种六碳醛糖（葡萄糖、甘露糖和半乳糖）、1 种六碳糖醛酸（半乳糖醛酸）和 1 个五碳醛糖（阿拉伯糖）组成，而茎中多糖主要由葡萄糖和甘露糖组成。叶与茎的多糖中均有甘露糖和葡萄糖，茎中甘露糖和葡萄糖含量均比叶中高。叶中甘露糖与葡萄糖的峰面积比值介于 2.2~23.5，2015 年版《药典》规定茎中应为 2.4~8.0。一般来说，多糖所具有的生物活性往往与其单糖组成类型和单糖的组成比例密切相关，茎和叶中多糖部位指纹图谱的相似度在 0.9 以上，相似性较好。铁皮石斛茎、叶和花中含有种类相同的黄酮碳苷类成分，但各黄酮碳苷的含量有显著差异，叶和花中黄酮碳苷的含量明显高于茎，叶和花 HPLC 色谱图相似度较高，根中黄酮类成分较少。茎中含有柚皮素，而根、叶和花中均不含该成分。铁皮石斛茎和叶对 DPPH 自由基均有一定的清除作用，叶对 DPPH 自由基清除能力优于茎。

通过铁皮石斛茎和花中的多糖、黄酮、总酚的含量测定并比较可知，铁皮石斛的多糖主要集中在茎，花中黄酮的含量高于茎，而总酚含量两者相当，差异不显著，花和茎的抗氧化作用差异也不明显。相关性分析表明，总酚含量与还原力极显著相关，与总黄酮含量及清除 DPPH 自由基能力显著相关。

总之，铁皮石斛每个部位都有自己的特点，充分挖掘铁皮石斛中各部位的特点才能更好地利用其药效，开发更多的产品，满足市场需求。

（一）花的药理作用研究与开发应用前景

铁皮石斛花中多糖含量平均为 7.10%，浸出物多糖含量为 30%。从铁皮石斛花中检测到 16 种氨基酸，总氨基酸平均含量为 7.88%。铁皮石斛花中含有较丰富的多糖、浸出物、氨基酸等营养及功效成分，具有一定的保健开发价值。

盛花期石斛花中的多糖、总黄酮和水溶性浸出物含量总体上较花苞期、微花期高；花中必需氨基酸种类齐全，药效氨基酸占总氨基酸的比例为 63.8%~66.7%，氨基酸比值系数分（SRC）为 65.9~66.4，第一限制氨基酸均为蛋氨酸 + 半胱氨酸；石斛花中钾含量最高（≥ 2.52×10^6 毫克 / 千克），铁皮石斛盛花中铁含量较高（177.33 毫克 / 千克），这表明石斛花具有较高的营养价值，为石斛花资源的开发提供了一定的理论依据。石斛花的最佳采收时期主要为盛花期，其次为微花期。石斛花均具有较好的营养价值，其水溶性浸出物、药效氨基酸及鲜味氨基酸含量极高，是保健石斛花茶的理想原料。

铁皮石斛花中含有比较丰富的挥发性成分，主要以萜类、脂肪族、芳香族化合物为主，各类型成分在不同品种及家系中的分布存在着一定差异。有研究从铁皮石斛花中鉴定出的 43 种挥发性成分分析，主要为烃类、脂肪酸类、醇类、酯类等，烃类和酯类成分含量较高。花中的阿魏酸有很多保健功能，如抗菌消炎、抑制肿瘤、抗血栓、清除自由基、防治高血压等，具有一定的开发应用潜力。

综上所述，铁皮石斛花在抗氧化、降血压、滋阴等方面明显的作用，为铁皮石斛花新产品的开发提供了理论依据。

（二）叶的药理作用研究与开发应用前景

研究铁皮石斛叶对二代繁殖大鼠免疫功能的影响结果显示，高剂量组大鼠脾淋巴细胞转化能力、自然杀伤细胞活性、左后足跖部厚度差明显增高，证明铁皮石斛叶可一定程度提高二代繁殖雌性大鼠的免疫水平。铁皮石斛叶中多糖含量较低，而黄酮碳苷类化合物含量较高，提示铁皮石斛叶的免疫调节作用可能是通过黄酮碳苷的抗氧化作用间接提高细胞免疫功能。

铁皮石斛叶中含有丰富的黄酮碳苷，由铁皮石斛叶中鉴定的苷元均为芹菜素的 8 种黄酮碳苷类化合物；叶中每种黄酮碳苷的含量均比茎高 10 倍以上，黄酮碳苷具有清除自由基、抗氧化等药理活性，并有降血糖、保护心血管系统等作用。清除自由基活性与黄酮碳苷含量呈一定的量效关系，黄酮碳苷含量越高，抗氧化活性越强。因此，铁皮石斛叶的研究开发前景令人关注。

一种含铁皮石斛叶和花的和胃茶煎剂对胃肠功能的影响作用研究结果表明，和胃茶可以明显降低小鼠的胃排空率，但对小肠推进率无明显作用，可抑制大鼠离体小肠运动，能解除肠痉挛，提示和胃茶可以用于肠易激综合征等疾病的辅助治疗，提高患者的生活质量。目前铁皮石斛以茎入药，其叶、花常在采收时舍弃，没有得到最大限度的利用，而和胃茶是一种含铁皮石斛叶和花的中药组合物，成本低廉，药材来源丰富，有利于铁皮石斛原料的综合利用。

（三）根的药理作用研究与开发应用前景

铁皮石斛根目前不属于药用部位，也不能作为普通食品使用，虽然产量很大，却只能作废物处理。研究发现，非药用的根含有和药用茎相类似的化学成分，如少量的石斛多糖（最优得率为6.73%）和黄酮碳苷类化合物，其他研究还发现，根部的微量元素十分丰富，铁、铝、钒、铬、锌、镍、磷在根中含量较其他部位高。微量元素在人体内含量虽少，但它们为多种酶的辅酶或辅基，影响着胰腺的分泌功能或组织胰岛素敏感性。因此，非药用的根在糖尿病的防治中也可能具有一定的应用价值。

研究发现，铁皮石斛根提取物有改善2型糖尿病模型小鼠的作用，其中提取物EB降糖效果明显且平稳，并能有效改善小鼠的体征、生活质量和口服糖耐量，在糖尿病的防治中具有一定的应用价值。初步研究发现，提取物EB的降糖机制可能与提高受体对胰岛素的敏感性，改善胰岛素抵抗有关。该研究发现一定程度上为根部的合理利用和石斛资源的综合开发提供了新的思路。

三、主要加工产品（保健食品）

现代社会人们的生活水平不断提高，生活节奏越来越快，亚健康的人数越来越多，而保健食品逐渐成为这些人群的选择。自我国开始保健食品注册以来，到目前为止，国家食品药品监督管理局已批准的国产保健食品有12 000多种，进口保健食品有700多种。石斛是国家批准的可用于保健食品的114种物品之一，它含有丰富的多糖成分、氨基酸、石斛碱以及其他的功能性成分，根据国家食品药品监督管理局批准的国内保健品目录和进口保健品目录，金钗石斛、铁皮石斛和霍山石斛这三种石斛被开发成保健食品，其中，铁皮石斛的开发剂型较多，除传统的枫斗外，主要有颗粒、胶囊、口服液、饮料、冲剂、含片、浸膏、丸子和茶等。

随着铁皮石斛的传统功效不断在现代药理学研究中得到证实，以铁皮石斛为主要原料的各类药品和保健食品相继被开发，并受到相应消费群体的推崇。但铁皮石斛的生存环境要求独特，人工栽培条件和技术仍有一定局限性。尽可能多地利用铁皮石斛传统中药材，也结合部分地区人群的一些食用习惯，开发铁皮石斛相关材质成为药品和保健食品的新原料正成为研究者探求的目标。

铁皮枫斗

石斛切片

烘制干花

石斛花红茶

烘制干叶

干粉

烤条

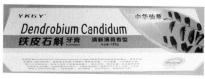

铁皮石斛牙膏

面膜

饮料

附录一 中药材生产质量管理规范（试行）

第一章 总则

第一条 为规范中药材生产，保证中药材质量，促进中药标准化、现代化，制订本规范。

第二条 本规范是中药材生产和质量管理的基本准则，适用于中药材生产企业（以下简称生产企业）生产中药材（含植物、动物药）的全过程。

第三条 生产企业应运用规范化管理和质量监控手段，保护野生药材资源和生态环境，坚持"最大持续产量"原则，实现资源的可持续利用。

第二章 产地生态环境

第四条 生产企业应按中药材产地适宜性优化原则，因地制宜，合理布局。

第五条 中药材产地的环境应符合国家相应标准：

空气应符合大气环境质量二级标准；土壤应符合土壤质量二级标准；灌溉水应符合农田灌溉水质量标准；药用动物饮用水应符合生活饮用水质量标准。

第六条 药用动物养殖企业应满足动物种群对生态因子的需求及与生活、繁殖等相适应的条件。

第三章 种质和繁殖材料

第七条 对养殖、栽培或野生采集的药用动植物，应准确鉴定其物种，包括亚种、变种或品种，记录其中文名及学名。

第八条　种子、菌种和繁殖材料在生产、储运过程中应实行检验和检疫制度以保证质量和防止病虫害及杂草的传播；防止伪劣种子、菌种和繁殖材料的交易与传播。

第九条　应按动物习性进行药用动物的引种及驯化。捕捉和运输时应避免动物机体和精神损伤。引种动物必须严格检疫，并进行一定时间的隔离、观察。

第十条　加强中药材良种选育、配种工作，建立良种繁育基地，保护药用动植物种质资源。

第四章　栽培与养殖管理

第一节　药用植物栽培管理

第十一条　根据药用植物生长发育要求，确定栽培适宜区域，并制定相应的种植规程。

第十二条　根据药用植物的营养特点及土壤的供肥能力，确定施肥种类、时间和数量，施用肥料的种类以有机肥为主，根据不同药用植物物种生长发育的需要有限度地使用化学肥料。

第十三条　允许施用经充分腐熟达到无害化卫生标准的农家肥。禁止施用城市生活垃圾、工业垃圾及医院垃圾和粪便。

第十四条　根据药用植物不同生长发育时期的需水规律及气候条件、土壤水分状况，适时、合理灌溉和排水，保持土壤的良好通气条件。

第十五条　根据药用植物生长发育特性和不同的药用部位，加强田间管理，及时采取打顶、摘蕾、整枝修剪、覆盖遮阴等栽培措施，调控植株生长发育，提高药材产量，保持质量稳定。

第十六条　药用植物病虫害的防治应采取综合防治策略。如必须施用农药时，应按照《中华人民共和国农药管理条例》的规定，采用最小有效剂量并选用高效、低毒、低残留农药，以降低农药残留和重金属污染，保护生态环境。

第二节　药用动物养殖管理

第十七条　根据药用动物生存环境、食性、行为特点及对环境的适应能力等，确定相应的养殖方式和方法，制定相应的养殖规程和管理制度。

第十八条　根据药用动物的季节活动、昼夜活动规律及不同生长周期和生理特点，科学配制饲料，定时定量投喂。适时适量地补充精料、维生素、矿物质及其他必要的添加剂，不得添加激素、类激素等添加剂。饲料及添加剂应无污染。

第十九条　药用动物养殖应视季节、气温、通气等情况，确定给水的时间及次数。草食动物应尽可能通过多食青绿多汁的饲料补充水分。

第二十条　根据药用动物栖息、行为等特性，建造具有一定空间的固定场所及必要的安全设施。

第二十一条　养殖环境应保持清洁卫生，建立消毒制度，并选用适当消毒剂对动物的生活场所、设备等进行定期消毒。加强对进入养殖场所人员的管理。

第二十二条　药用动物的疫病防治，应以预防为主，定期接种疫苗。

第二十三条　合理划分养殖区，对群饲药用动物要有适当密度。发现患病动物，应及时隔离。患传染病的动物应处死，火化或深埋。

第二十四条　根据养殖计划和育种需要，确定动物群的组成与结构，适时周转。

第二十五条　禁止将中毒、感染疫病的药用动物加工成中药材。

第五章　采收与初加工

第二十六条　野生或半野生药用动植物的采集应坚持"最大持续产量"原则，应有计划地进行野生抚育、轮采与封育，以利生物的繁衍与资源的更新。

第二十七条　根据产品质量及植物单位面积产量或动物养殖数量，

并参考传统采收经验等因素确定适宜的采收时间（包括采收期、采收年限）和方法。

第二十八条　采收机械、器具应保持清洁、无污染，存放在无虫鼠害和禽畜的干燥场所。

第二十九条　采收及初加工过程中应尽可能排除非药用部分及异物，特别是杂草及有毒物质，剔除破损、腐烂变质的部分。

第三十条　药用部分采收后，经过拣选、清洗、切制或修整等适当的加工，需干燥的应采用适宜的方法和技术迅速干燥，并控制温度和湿度，使中药材不受污染，有效成分不被破坏。

第三十一条　鲜用药材可采用冷藏、沙藏、罐贮、生物保鲜等适当的保鲜方法，尽可能不使用保鲜剂和防腐剂。如必须使用时，应符合国家对食品添加剂的有关规定。

第三十二条　加工场地应清洁、通风，具有遮阳、防雨和防鼠、虫及禽畜的设施。

第三十三条　地道药材应按传统方法进行加工。如有改动，应提供充分试验数据，不得影响药材质量。

第六章　包装、运输与贮藏

第三十四条　包装前应检查并清除劣质品及异物。包装应按标准操作规程操作，并有包装记录，其内容应包括品名、规格、产地、批号、重量、包装工号、包装日期等。

第三十五条　所使用的包装材料应是清洁、干燥、无污染、无破损，并符合药材质量要求。

第三十六条　在每件药材包装上，应注明品名、规格、产地、批号、包装日期、生产单位，并附有质量合格的标志。

第三十七条　易破碎的药材应使用坚固的箱盒包装；毒性、麻醉性、贵细药材应使用特殊包装，并应贴上相应的标记。

第三十八条　药材批量运输时，不应与其他有毒、有害、易串味物质混装。运载容器应具有较好的通气性，以保持干燥，并应有防潮措施。

第三十九条　药材仓库应通风、干燥、避光，必要时安装空调及除湿设备，并具有防鼠、虫、禽畜的措施。地面应整洁、无缝隙、易清洁。

药材应存放在货架上，与墙壁保持足够距离，防止虫蛀、霉变、腐烂、泛油等现象发生，并定期检查。

在应用传统贮藏方法的同时，应注意选用现代贮藏保管新技术、新设备。

第七章　质量管理

第四十条　生产企业应设质量管理部门，负责中药材生产全过程的监督管理和质量监控，并应配备与药材生产规模、品种检验要求相适应的人员、场所、仪器和设备。

第四十一条　质量管理部门的主要职责：

（一）负责环境监测、卫生管理；

（二）负责生产资料、包装材料及药材的检验，并出具检验报告；

（三）负责制订培训计划，并监督实施；

（四）负责制订和管理质量文件，并对生产、包装、检验等各种原始记录进行管理。

第四十二条　药材包装前，质量检验部门应对每批药材，按中药材国家标准或经审核批准的中药材标准进行检验。检验项目应至少包括药材性状与鉴别、杂质、水分、灰分与酸不溶性灰分、浸出物、指标性成分或有效成分含量。农药残留量、重金属及微生物限度均应符合国家标准和有关规定。

第四十三条　检验报告应由检验人员、质量检验部门负责人签章。检验报告应存档。

第四十四条　不合格的中药材不得出场和销售。

第八章　人员和设备

第四十五条　生产企业的技术负责人应有药学或农学、畜牧学等相关专业的大专以上学历，并有药材生产实践经验。

第四十六条　质量管理部门负责人应有大专以上学历，并有药材质量管理经验。

第四十七条　从事中药材生产的人员均应具有基本的中药学、农学或畜牧学常识，并经生产技术、安全及卫生学知识培训。从事田间工作的人员应熟悉栽培技术，特别是农药的施用及防护技术；从事养殖的人员应熟悉养殖技术。

第四十八条　从事加工、包装、检验人员应定期进行健康检查，患有传染病、皮肤病或外伤性疾病等不得从事直接接触药材的工作。生产企业应配备专人负责环境卫生及个人卫生检查。

第四十九条　对从事中药材生产的有关人员应定期培训与考核。

第五十条　中药材产地应设厕所或盥洗室，排出物不应对环境及产品造成污染。

第五十一条　生产企业生产和检验用的仪器、仪表、量具、衡器等适用范围和精密度应符合生产和检验的要求，有明显的状态标志，并定期校验。

第九章　文件管理

第五十二条　生产企业应有生产管理、质量管理等标准操作规程。

第五十三条　每种中药材的生产全过程均应详细记录，必要时可附图像。记录应包括：

（一）种子、菌种和繁殖材料的来源。

（二）生产技术与过程：

（1）药用植物播种的时间、数量及面积；育苗、移栽以及肥料的种类、施用时间、施用量、施用方法；农药中包括杀虫剂、杀菌剂及除莠剂的种类、施用量、施用时间和方法等。

（2）药用动物养殖日志、周转计划、选配种记录、产仔或产卵记录、病例病志、死亡报告书、死亡登记表、检免疫统计表、饲料配合表、饲料消耗记录、谱系登记表、后裔鉴定表等。

（3）药用部分的采收时间、采收量、鲜重和加工、干燥、干燥减重、运输、贮藏等。

（4）气象资料及小气候的记录等。

（5）药材的质量评价：药材性状及各项检测的记录。

第五十四条 所有原始记录、生产计划及执行情况、合同及协议书等均应存档，至少保存 5 年。档案资料应有专人保管。

第十章　附则

第五十五条 本规范所用术语：

（一）中药材指药用植物、动物的药用部分采收后经产地初加工形成的原料药材。

（二）中药材生产企业指具有一定规模、按一定程序进行药用植物栽培或动物养殖、药材初加工、包装、储存等生产过程的单位。

（三）最大持续产量即不危害生态环境，可持续生产（采收）的最大产量。

（四）地道药材传统中药材中具有特定的种质、特定的产区或特定的生产技术和加工方法所生产的中药材。

（五）种子、菌种和繁殖材料植物（含菌物）可供繁殖用的器官、组织、细胞等，菌物的菌丝、子实体等；动物的种物、仔、卵等。

（六）病虫害综合防治从生物与环境整体观点出发，本着预防为主的指导思想和安全、有效、经济、简便的原则，因地制宜，合理运用生物的、农业的、化学的方法及其他有效生态手段，把病虫的为害控制在经济阈值以下，以达到提高经济效益和生态效益之目的。

（七）半野生药用动植物指野生或逸为野生的药用动植物辅以适当

人工抚育和中耕、除草、施肥或喂料等管理的动植物种群。

第五十六条　本规范由国家药品监督管理局负责解释。

第五十七条　本规范自 2002 年 6 月 1 日起施行。

《中药材生产质量管理规范（试行）》于 2002 年 3 月 18 日经国家
药品监督管理局局务会审议通过，2002 年 4 月 17 日发布。

附录二 中药材规范化生产允许使用的肥料种类和使用原则

一、允许使用的肥料种类

（一）农家肥

农家肥大多数是指人和动物的排泄物及其他肥料，如人粪尿，猪、牛、羊、马粪尿，禽类粪尿及厩肥、堆肥、沼气肥、熏土、炕土、草木灰等。农家肥含有大量的有机质，又含有大量的氮、磷、钾三要素和其他多种营养元素。它的特点是来源比较广泛，成本较低；所含的养分比较全面，肥效稳定而持久；能够改善土壤结构；有热性、温性和凉性之分，具有调节土壤温度的功效。但农家肥料必须是未经污染，施用时应经过充分发酵腐熟。

（二）绿肥

绿肥是用绿色植物体制成的肥料，是一种养分完全的生物肥源。种植绿肥不仅能够增辟肥源还能改良土壤。豆科绿肥可以固定大气中的氮，富集土壤中的磷和钾。我国绿肥资源丰富，目前可供栽培利用的就有 200 多种，是中药材 GAP 种植中有待开发利用的重要天然肥源。主要包括豆科和非豆科两大类。豆科有紫云英、绿豆、蚕豆、豌豆、豇豆、草木樨、沙打旺、田菁、苜蓿、柽麻、苕子等；非豆科绿肥最常用的有禾本科，如黑麦草；十字花科，如肥田萝卜；菊科，如金光菊、肿柄菊、小葵子；满江红科，如满江红；雨久花科，如水葫芦；苋科，如水花生等。我国南方主要利用冬闲田种植紫云英、金花菜、箭舌豌豆、肥田萝卜、蚕豆、豌豆和油菜等作为来年药用植物的肥源。而北方则以一年生绿肥居多，种类有箭舌豌豆、草木樨、绿豆等。施用绿肥时由于会产生有机酸，要适量施用石灰进行中和。

（三）秸秆肥

秸秆肥是指把作物秸秆直接翻耕入土用作基肥，或用作覆盖物。秸秆含有丰富的矿质营养，在适宜条件下通过土壤微生物或牲畜消化的作用，可使营养元素返回土壤，被药用植物吸收利用，称作秸秆还田。秸秆还田可采取堆沤还田、过腹还田（牲畜粪尿）、直接翻压还田、覆盖还田等多种形式。操作时秸秆要直接翻入土中，注意与土壤充分混合，不要产生根系架空现象，并加入含氮丰富的人畜粪尿，也可用一些氮素化肥，调节还田后的碳氮比为20：1。

（四）商品有机肥

以生物废弃物及动植物残体、排泄物等为原料加工制成的肥料。富含大量有益物质，包括多种有机酸、肽类，以及包括氮、磷、钾在内的丰富的营养元素。不仅能提供全面营养，而且肥效长，可增加和更新土壤有机质，促进微生物繁殖，改善土壤的理化性质和生物活性，是绿色食品生产的主要养分。

（五）腐殖酸类肥料

腐殖酸类肥料是由泥炭、褐煤、风化煤为主要原料经酸或碱等化学处理和掺入少量无机肥料而制成的高分子有机化合物类肥料，广泛存在于土壤、泥煤及褐煤中，富含腐殖酸和某些无机养分，如氮、磷、钾等营养元素或某些微量元素。具有优化土壤结构、增加土温、提高土壤阴离子交换量、改善土壤缓冲性能、提高植物营养、刺激植物生长等作用，可作基肥和追肥用，也可以用于浸种、拌种和蘸根。常见的腐殖酸类肥料有腐殖酸铵、腐殖酸磷、腐殖酸钾、腐殖酸钠、腐殖酸钙和腐殖酸氮磷等。

（六）微生物类肥料

微生物肥料是由一种或数种有益微生物、经工业化培养发酵而成的生物性肥料，具有无毒无害、不污染环境的特点。可通过微生物活动改善药用植物的营养或产生激素，促进植物生长，对减少中药材硝酸盐含量，改善中药材品质有明显效果。

目前微生物肥料分为五类：

（1）微生物复合肥。以固氮类细菌、活化钾细菌、活化磷细菌等三类有益细菌共生体系为主，互不拮抗，能提高土壤营养供应水平，是生产无污染绿色中药材的理想肥料。

（2）固氮菌肥。能在土壤中及药用植物植株根际固定氮素，为药用植物植株提供氮素营养。

（3）根瘤菌肥。能提高根际土壤中氮素供应。

（4）磷细菌肥。能把土壤中难溶性磷转化为可利用的有效磷，改善土壤中的磷素营养。

（5）磷酸盐菌肥。能将土壤中的云母、长石等含钾的磷酸盐及磷灰石分解，释放出钾素营养。

（七）有机复合肥

有机和无机物质混合或化合制剂，如无害化处理后的畜禽粪便，加入适量锌、锰、硼等微量元素制成的肥料。

（八）无机（矿质）肥料

采用提取、机械粉碎和合成等物理或化学工艺加工制成的无机盐态肥料，如矿物钾肥、硫酸钾、矿物磷粉、煅烧磷矿盐、粉状硫肥（限在碱性土壤适量施用）、石灰石（限在酸性土壤适量施用）等。

（九）叶面肥料

叶面肥是以叶面吸收为目的，将植物所需养分直接施用于叶面的肥料，称为叶面肥。叶面肥具有肥效快、利用率高、效果显著、简便易施用等优点，但要注意叶面追肥不得含有化学合成的生长调节剂。允许使用的叶面肥有微量元素肥料，以铜、铁、锰、锌、硼等微量元素及有益元素配制的肥料。使用此类肥料要注意选择合适的浓度和用量，在确保肥效和药效的情况下，可结合病虫害防治，将肥料与农药混合喷施。

（十）植物生长辅助物质肥料

如用天然有机物提取液或接种有益菌类的发酵液，再添加一些腐殖酸、藻酸、氨基酸、维生素等营养元素配制的肥料。

（十一）允许使用的其他肥料

不含合成添加剂的食品、纺织工业品的有机副产品；不含防腐剂的鱼渣、牛羊毛废料、骨粉、氨基酸残渣、家畜加工废料、糖厂废料、城市生活垃圾等有机物制成的肥料。一定要经过无害化处理达到标准后才能使用，而且每年每公顷药材田限制用量黏性土壤不超过 45 吨，沙性土壤不超过 30 吨。

二、限制使用的化学肥料

《中药材生产质量管理规范》在要求商品药材硝酸盐含量不超过无公害中药材标准的同时，还要求在施肥过程中要保持或增加土壤肥力及土壤的生物活性。氮肥施用过多会使商品药材中的亚硝酸盐积累并转化为强致癌物质亚硝酸铵，同时还会使药材质地松散、易患病害。药用果实中含氮量过高还会促进腐烂，不易保藏。但生产无公害中药材不是绝对不用化学肥料（硝态氮肥要禁用），而是在大量施用有机肥的基础上，根据药用植物的需肥规律，科学合理地使用化肥，并要限量使用。原则上，化学肥料要与有机肥料、微生物肥料配合使用，可作基肥或追肥，有机氮与无机氮之比以 1：1 为宜（大约掌握厩肥 1 000 千克加尿素 20 千克的比例），用化肥追肥应在采收前 30 天停用。

另外，要慎用城市垃圾肥料。商品肥料和新型肥料必须是经国家有关部门批准登记和生产的品种才能使用。

三、使用原则

中药材施肥应遵循以下准则：

（1）尽量选用无公害中药材生产允许使用的肥料。

（2）基施为主，追施为辅的原则。施肥时应以基肥为主，配合施用追肥和种肥。

（3）以农家肥为主，农家肥与化肥配合施用的原则。在施用农家肥的基础上施用化肥，能够取长补短，缓急相济，不断提高土壤的供肥能力。同时能提高化肥的利用率，克服单纯施用化肥的副作用，以提高中药材的质量。

（4）以有机肥为主，无机肥为辅的原则。在施用有机肥为主的前提下，控制中药材种植密度，适当施用化肥，了解肥料本身的特性和在不同土壤条件下对中药材相应品种的作用效果。

（5）以多元复合肥为主，氮、磷、钾肥配合施用的原则。稳定氮肥用量，控制硝态氮用量以防亚硝酸盐积累，增施磷肥，以磷促氮。

附录三　中药材规范化生产允许和禁止使用的农药种类和使用原则

一、允许使用的农药种类

中药材基地使用的生物农药及生长调节剂等必须向具有检验登记证、生产许可证和质量标准"三证"的公司购买，不向无营业执照、无农资生产或经营许可证的企业购买未经登记注册的产品。严格按照《农药合理使用准则》的要求，科学合理选择使用农药。

当利用沼液作为药材植株的生物调节剂时必须符合一定的标准，标准见肥料的选择和施用标准。

（一）中药材基地允许施用的农药种类

1. 生物源农药

（1）微生物源农药：

①农用抗生素。防治真菌病害：灭瘟素、春雷霉素、多抗霉素（多氧霉素）、井岗霉素、农抗 120、中生菌素等；防治螨类：浏阳霉素、华光霉素。

②活体微生物农药。真菌剂：蜡蚧轮枝菌等；细菌剂：苏云金杆菌、蜡质芽孢杆菌等；拮抗菌剂；昆虫病原线虫；微孢子；病毒：核多角体病毒。

（2）动物源农药：

昆虫信息素（或昆虫外激素）：如性信息素。

（3）植物源农药：

①杀虫剂：除虫菊素、鱼藤酮、烟碱、植物油等。

②杀菌剂：大蒜素。

③拒避剂：印楝素、苦楝、川楝素。

④增效剂：芝麻素。

2. 矿物源农药

（1）无机杀螨杀菌剂：

①硫制剂：硫悬浮剂、可湿性硫、石硫合剂等。

②铜制剂：硫酸铜、王铜、氢氧化铜、波尔多液等。

（2）矿物油乳剂：

主要包括煤油乳剂、柴油乳剂、机油乳剂等。

3. 有机合成农药（略）

（二）中药材基地农药使用准则

（1）优先采用农业措施，通过选用抗病抗虫品种、非化学药剂种子处理、培育壮苗、加强栽培管理、中耕除草、秋季深翻晒土、清洁田园、轮作倒茬、间作套种等一系列措施起到防治病虫草害的作用。还应尽量利用灯光、色彩诱杀害虫，机械捕捉害虫，机械和人工除草等措施，防治病虫草害。

特殊情况下，必须使用农药时应遵守以下准则：

在 AA 级绿色食品生产资料农药类不能满足植保工作需要的情况下，允许使用以下农药及方法：

①中等毒性以下植物源杀虫剂、杀菌剂、拒避剂和增效剂，如除虫菊素、鱼藤根、烟草水、大蒜素、苦楝、川楝、印楝、芝麻素等。

②释放寄生性捕食性天敌动物，昆虫、捕食螨、蜘蛛及昆虫病原线虫等。

③在害虫捕捉器中使用昆虫信息素及植物源引诱剂。

④使用矿物油和植物油制剂。

⑤使用矿物源农药中的硫制剂、铜制剂。

⑥经专门机构核准，允许有限度地使用活体微生物农药，如真菌制剂、细菌制剂、病毒制剂、放线菌、拮抗菌剂、昆虫病原线虫、原虫等。

⑦经专门机构核准，允许有限度地使用农用抗生素，如春雷霉素、多抗霉素（多氧霉素）、井岗霉素、农抗120、中生菌素、浏阳霉素等。

（2）禁止使用有机合成的化学杀虫剂、杀螨剂、杀菌剂、杀线虫剂、除草剂和植物生长调节剂。

（3）禁止使用生物源、矿物源农药中混配有机合成农药的各种制剂。

（4）严禁使用基因工程品种及制剂。

二、禁止使用的农药种类

中药材禁止使用的农药品种（或化合物）名单

种类	农药名称	禁止原因
有机汞杀菌剂	氯化乙基汞、醋酸苯汞	剧毒、高残留
氟制剂	氟化钙、氟化钠、氟乙酸钠、氟铝酸铵、氟硅酸钠	剧毒、高毒，易产生药害
有机磷杀菌剂	稻瘟净、异稻瘟净	高毒
取代苯类杀菌剂	五氯硝基苯、稻瘟醇	致癌、高残留
有机氯杀虫剂	滴滴涕、六六六、林丹、艾氏剂、狄试剂	高残留
有机砷杀虫剂	甲基砷酸锌、甲基砷酸钙砷、甲基砷酸铁铵、福美甲砷、福美砷	高残留
卤代烷类熏蒸杀虫剂	二溴乙烷、环氧乙烷、二溴氯丙烷、溴甲烷	致癌、致畸、高毒
无机砷杀虫剂	砷酸钙、砷酸铅	高毒
有机磷杀虫剂	甲拌磷、乙拌磷、久效磷、甲基对硫磷、甲胺磷、甲基异柳磷、治螟磷、氧化乐果、磷胺、地虫硫磷、灭克磷、水胺硫磷、氯唑磷、硫线磷、杀扑磷、特丁硫磷、克线丹、苯线磷、甲基硫环磷	剧毒、高毒
氨基甲酸酯杀虫剂	涕灭威、克百威、灭多威、丁硫克百威、丙硫克百威	高毒、剧毒或代谢物高毒
二甲基甲脒类杀虫杀螨剂	杀虫脒	慢性毒性、致癌
有机氯杀螨剂	三氯杀螨醇	产品中含滴滴涕

138

三、使用原则

根据我国《中药材生产质量管理规范（简称 GAP）》的要求，防治中药材病、虫、鼠害，应本着"以防为主，防治并举"的原则，宜用农业、生物、物理与机械防治，少施或不施化学农药的综合防治措施。需用农药时，应采用低毒、高效、残留期短的农药或土农药，以免污染商品中药材。严禁使用中药材基地生产中禁止使用的化学农药，严防有害物质对药材与环境的污染。防治的目的是保护中药材的正常生长发育，增强中药材的抵抗能力，促进生态平衡。

中药材病虫害防治如果要使用农药应该遵循以下几条原则：

（1）严格禁止使用剧毒、高毒、高残留或有致癌、致畸、致突变的农药。

（2）推广使用对人、畜无毒害，对环境无污染，对产品无残留的植物源农药、微生物农药及仿生合成农药。

（3）杀病毒剂提倡交替用药，每种药剂喷施 2~3 次后，应改用另一种药剂，以免病毒菌产生抗药性。

（4）按中药材种植常用农药安全间隔期喷药，施药期间不能采挖商品药材，比如 50% 多菌灵安全间隔期 7~10 天，70% 甲基托布津安全间隔期 10 天，50% 的辛硫磷安全间隔期 10 天。

（5）提倡用敌鼠钠盐灭鼠，严禁使用氟乙酰胺、氟乙酸钠等剧毒药物灭鼠。

（6）严禁使用化学除草剂防除中药材种植区的杂草，以免造成药害和污染环境。

参 考 文 献

白美发，黄敏，2008. 铁皮石斛高效设施栽培技术研究 [J]. 安徽农业科学（35）：15416-15421.

白音，2007. 药用石斛鉴定方法的系统研究 [D]. 北京中医药大学 .

白音，包英华，王文全，等，2010. 药用石斛鉴定方法的研究进展与趋势 [J]. 北京中医药大学学报（6）：421-424.

柏文科，蒋武轩，胡艳霞，等，2016. 铁皮石斛设施栽培关键技术 [J]. 陕西农业科学（3）：125-126.

包雷声，顺庆生，张申洪，等，2005. 中国药用石斛图志 [M]. 上海：上海科学技术文献出版社 .

蔡兴，王美娜，梁权辉，等，2016. 响应面法优化铁皮石斛叶闪式提取工艺 [J]. 亚太传统医药（7）：48-52.

陈彩霞，金利霞，陈升忠，2011. 广东省饶平县铁皮石斛产业研究 [J]. 云南地理环境研究（5）：55-59.

陈薇，寸守铣，2002. 铁皮石斛茎段离体快繁 [J]. 植物生理学通讯（2）：145.

陈玉琦，2016. 铁皮石斛林下种植技术探析 [J]. 现代园艺（12）：26.

陈志参，2016. 铁皮石斛扦插育苗与庭院栽培技术 [J]. 中国园艺文摘（3）：158-159.

单芹丽，杨春梅，赵培飞，等，2010. 铁皮石斛的植物学特性及组培苗生产技术 [J]. 现代农业科技（10）：128-129.

丁鸽，倪玉蓓，王萌萌，等，2015. 药用石斛研究进展 [J]. 湖北农业科学（11）：2561-2563，2568.

付传明，赵志国，黄宁珍，等，2012. 铁皮石斛无菌播种产业化繁育技术研究 [J]. 广西植物（2）：238-242，273.

付玲珠，郑婷，朱飞叶，等，2014. 以铁皮石斛花、叶配伍的和胃茶对胃肠运动的影响 [J]. 云南中医学院学报（5）：27-31.

付润兰，沈春梅，2009. 药用石斛人工种植技术 [J]. 云南农业（7）：32-33.

龚庆芳，何金祥，黄宁珍，等，2014. 铁皮石斛花化学成分及抗氧化活性研究 [J].
　　食品科技（12）：106-110.

国家药典委员会，2015. 中华人民共和国药典（2015 年版一部）[M]. 北京：中国
　　医药科技出版社 .

何伯伟，2013. 浙江铁皮石斛产业品质提升的实践与探索 [J]. 中国药学杂志（19）：
　　1693-1696.

何晓艳，吴人照，杨兵勋，等，2016. 铁皮石斛花对自发性高血压大鼠降压作用研
　　究 [J]. 浙江中医杂志（2）：152-154.

胡峰，邱道寿，梅瑜，等，2016. 广东地区铁皮石斛林下仿野生栽培技术研究 [J].
　　广东农业科学（2）：35-38.

黄秀红，王再花，李杰，等，2017. 不同花期石斛花主要营养成分分析与品质比较 [J].
　　热带作物学报（1）：45-52.

黄月纯，谢镇山，任晋，等，2015. 3 种种源铁皮石斛叶黄酮类成分 HPLC 特征图
　　谱比较 [J]. 中国实验方剂学杂志（24）：37-40.

霍昕，周建华，杨迺嘉，等，2008. 铁皮石斛花挥发性成分研究 [J]. 中华中医药杂
　　志（8）：735-737.

姜殿强，潘梅，黄赛，等，2013. 铁皮石斛茎段丛生芽的增殖培养研究 [J]. 安徽农
　　业科学（5）：1905-1906，1940.

金银兵，2009. 铁皮石斛的生物学特性与开花授粉技术研究 [J]. 安徽农业科学（11）：
　　5280-5282.

琚淑明，朱伟玲，王伟亮，等，2016. 铁皮石斛茎段离体培养一次成苗技术研究 [J].
　　甘肃农业大学学报（1）：45-48.

雷珊珊，吕圭源，金泽武，等，2015. 铁皮石斛花提取物对甲亢型阴虚小鼠的影响 [J].
　　中国中药杂志（9）：1793-1797.

李进进，2010. 铁皮石斛茎段离体初代培养研究 [J]. 作物杂志（1）：79-80.

李文静，李进进，李桂锋，等，2015. GC-MS 分析 4 种石斛花挥发性成分 [J]. 中
　　药材（4）：777-780.

李泽生，白燕冰，耿秀英，等，2011. 铁皮石斛茎段丛生芽诱导研究 [J]. 热带农业
　　科技（2）：28-31.

林江波，王伟英，李海明，等，2016. 铁皮石斛茎段原球茎的诱导、分化与植株再生 [J]. 福建农业学报（10）：1075-1079.

林江波，邹晖，王伟英，等，2016. 铁皮石斛林下种植技术 [J]. 福建农业科技（2）：56-57.

刘春连，2014. 铁皮石斛营养保健功能的研究与产品开发 [J]. 食品工程（2）：19，31.

刘焕兰，尚子义，曲卫玲，2010. 铁皮石斛保健产品的研究开发价值 [J]. 中国民族民间医药（18）：29.

刘依丽，冯尚国，何仁锋，等，2014. 基于 ITS2 条形码对铁皮石斛及其混伪品分子鉴定的初步研究 [J]. 杭州师范大学学报（自然科学版）（1）：35-41.

龙华晴，吴人照，何晓艳，等，2016. 铁皮石斛花对自发性高血压大鼠降压平稳性的实验研究 [J]. 浙江中医杂志（10）：726-729.

卢振辉，李明焱，王伟杰，等，2015. 铁皮石斛主要病虫害及其非化学农药防治 [J]. 浙江农业科学（1）：123-126.

吕佳妮，2014. 铁皮石斛根中石斛多糖提取优化及抗氧化活性研究 [D]. 浙江大学 .

吕佳妮，陈素红，徐娟华，2014. 铁皮石斛根中石斛多糖的响应面法提取优化研究 [J]. 浙江中医杂志（6）：459-461.

吕素华，徐萌，张新凤，等，2016. 11 个铁皮石斛杂交家系鲜花的挥发性成分分析 [J]. 中国实验方剂学杂志（6）：52-57.

吕素华，徐萌，张新凤，等，2016. 不同杂交家系铁皮石斛花多糖、浸出物及氨基酸质量分数分析 [J]. 浙江农林大学学报（5）：749-755.

麻继强，张泽丙，2012. 贵州省荔波县铁皮石斛产业现状及发展对策探析 [J]. 北京农业（36）：189.

马成林，2014. 铁皮石斛叶超临界 CO_2 萃取、成分分析及免疫功能初步研究 [D]. 南京农业大学 .

马红梅，2016. 云南铁皮石斛产业发展思考 [J]. 林业建设（3）：39-41.

马蕾，徐丹彬，陈红金，等，2016. 浙江省中药材产业提升发展现状与对策 [J]. 浙江林业科技（4）：75-80.

马玉申，刘钦，刘小倩，等，2013. 铁皮石斛带节茎段的组培快繁体系研究 [J]. 中国民族医药杂志（9）：24-28.

宓文佳，陈素红，吕圭源，等，2015. 铁皮石斛根提取物对 2 型糖尿病模型小鼠的降糖作用研究 [J]. 中药药理与临床（1）：125-129.

欧阳凡，董文宾，付瑜，等，2016. 铁皮石斛茎段快繁技术的研究 [J]. 生物技术通报（3）：63-67.

戚华沙，潘梅，黄赛，等，2013. 铁皮石斛茎段组织培养技术研究 [J]. 安徽农学通报（13）：32-34.

邱道寿，刘晓津，郑锦荣，等，2011. 棚栽铁皮石斛的主要病害及其防治 [J]. 广东农业科学（S1）：118-120.

邵伟江，2013. 铁皮石斛人工栽培模式与抗寒品种选育 [D]. 浙江农林大学.

邵显跃，崔东柱，谢作华，等，2010. 铁皮石斛生产现状及发展对策 [J]. 现代农业科技（4）：187-188.

斯金平，2014. 铁皮石斛设施仿生栽培模式技术要点 [J]. 浙江林业（8）：26-27.

斯金平，俞巧仙，宋仙水，等，2013. 铁皮石斛人工栽培模式 [J]. 中国中药杂志（4）：481-484.

宋喜梅，李国平，何衍彪，等，2012. 铁皮石斛人工栽培主要病虫害防治 [J]. 安徽农业科学（32）：15697-15698，15714.

宋燕华，蔡德雷，傅剑云，等，2016. 铁皮石斛叶对二代繁殖雌性大鼠免疫水平影响的研究 [J]. 浙江预防医学（2）：109-112.

孙贺，郭传敏，史骥清，等，2014. 铁皮石斛无菌播种技术研究 [J]. 现代农业科技（20）：137-138.

孙贺，周世良，2014. 铁皮石斛无菌播种技术 [J]. 中国花卉园艺（20）：42-43.

谭嘉娜，陈月桂，2016. 湛江地区铁皮石斛产业发展现状及对策 [J]. 现代农业科技（2）：310-311，325.

唐静月，颜美秋，齐芳芳，等，2017. 铁皮石斛花总黄酮提取工艺优化及体外抗氧化活性研究 [J]. 浙江中医药大学学报（3）：235-242.

唐黎明，陈云峰，戴勤，等，2015. 铁皮石斛林下栽培标准化技术示范成效初报 [J]. 安徽农学通报（20）：45，53.

汪红梅，罗鸣，2013. 铁皮石斛种子无菌萌发 [J]. 安徽农业科学（7）：2850-2851.

王楠楠，戴明珠，徐俞悦，等，2017. 铁皮石斛花对肾上腺皮质激素致肾阴虚模型

小鼠的影响 [J]. 中药药理与临床（1）：116-119.

王全春，张榆琴，李明辉，等，2015. 云南石斛产业发展中存在的问题与对策建议 [J]. 安徽农业科学（5）：70-72.

王少平，孙乙铭，姜艳，等，2015. 基于指纹图谱及柚皮素含量对铁皮石斛及伪品的鉴定 [J]. 浙江农业学报（12）：2199-2205.

吴德涛，王怀昕，祝晓云，等，2016. 遵义市铁皮石斛产业现状及存在问题 [J]. 大家健康（学术版）（7）：129-130.

吴谷汉，蒋经纬，吴丹，等，2015. 林下活树附生铁皮石斛种植技术 [J]. 现代农业科技（3）：95，97.

吴韵琴，斯金平，2010. 铁皮石斛产业现状及可持续发展的探讨 [J]. 中国中药杂志（15）：2033-2037.

徐奎源，谢作华，许建茹，等，2009. 建德市铁皮石斛产业现状及发展对策 [J]. 现代农业科技（10）：77-78.

许雪梅，陈晓寅，2005. 铁皮石斛种子无菌法播种试验 [J]. 浙江农业科学（2）：40，56.

杨凤丽，姚林泉，2016. 温室栽培铁皮石斛主要病虫害及其绿色防控技术模式探讨 [J]. 中国农技推广（4）：59-62.

袁颖丹，李志，胡冬南，等，2015. 铁皮石斛活树附生原生态栽培模式研究 [J]. 经济林研究（4）：44-48.

张红兵，武芸，刘金龙，等，2011. 铁皮石斛茎段组培快繁体系的改良研究 [J]. 湖北民族学院学报（自然科学版）（3）：282-284.

张蕾，邱道寿，蔡时可，等，2013. 铁皮石斛及其混伪品的 rDNA ITS 序列分析与鉴别 [J]. 安徽农业科学（7）：2872-2874，2888.

张明，2011. 论铁皮石斛保健品的开发 [J]. 中国现代中药（11）：57-59，62.

张明，刘宏源，2010. 药用石斛产业的发展现状及前景 [J]. 中国现代中药（10）：8-11.

张扬，2016. 铁皮石斛叶水溶性成分分离及活性筛选的研究 [D]. 广州中医药大学 .

张在忠，赵仁发，罗志强，等，2015. 铁皮石斛有机栽培关键技术的研究与应用 [J]. 安徽农学通报（24）：76-77.

章德三，徐高福，余明华，等，2015. 铁皮石斛活树附生原生态栽培技术与应用 [J]. 绿色科技（2）：62-63.

赵贵林，郑平，卢运明，等，2013. 广东地区铁皮石斛茎段扦插繁殖技术研究初报 [J]. 热带农业科学（10）：35-37，42.

赵菊润，张治国，2014. 铁皮石斛产业发展现状与对策 [J]. 中国现代中药（4）：277-279，286.

赵鹂，张四海，骆争荣，等，2016. 铁皮石斛产业发展现状与对策 [J]. 园艺与种苗（6）：12-13，70.

郑珊娇，吕圭源，陈素红，等，2012. 铁皮石斛与市场上常见的几种伪品含糖量的测定 [J]. 中华中医药学刊（1）：146-148.

钟均宏，林秀莲，杨自轩，等，2014. 广东铁皮石斛产业发展现状及对策 [J]. 农学学报（8）：110-111，124.

钟小勉，2016. 铁皮石斛人工栽培及主要病虫害防治 [J]. 吉林农业（2）：99.

周桂芬，吕圭源，2012a. 铁皮石斛叶中黄酮碳苷类成分的高效液相指纹图谱及指标成分的含量测定 [J]. 中国药学杂志（11）：889-893.

周桂芬，吕圭源，2012b. 基于高效液相色谱—二极管阵列光谱检测—电喷雾离子化质谱联用鉴定铁皮石斛叶中 8 种黄酮碳苷化合物及裂解规律研究 [J]. 中国药学杂志（1）：13-19.

周桂芬，庞敏霞，陈素红，等，2014. 铁皮石斛茎、叶多糖含量及多糖部位柱前衍生化—高效液相色谱指纹图谱比较研究 [J]. 中国中药杂志（5）：795-802.

朱虹，郗厚诚，孙长生，2014. 我国铁皮石斛产业现状和发展对策 [J]. 陕西农业科学（12）：77-79.

朱启发，黄娇丽，2015. 铁皮石斛产品开发研究进展 [J]. 现代农业科技（9）：70-71，73.

朱艳，秦民坚，2003. 铁皮石斛茎段诱导丛生芽的研究 [J]. 中国野生植物资源（2）：56-57.